食用菌
栽培提质增效技术

U0237179

福建省现代农业产业技术体系丛书编委会

主　　任：陈明旺

副主任：陈　强　吴顺意

委　员：陈　卉　许惠霖　何代斌　苏回水　徐建清

《食用菌栽培提质增效技术》编写组

主　　编：黄志龙

副 主 编：肖淑霞　吴小平　孙淑静　廖剑华

编写人员：（按姓氏笔画为序）

王忠宏	王爱仙	卢政辉	兰凉英	庄学东	刘新锐
孙淑静	李昕霖	肖淑霞	吴小平	张琪辉	陈国平
金文松	胡开辉	柯斌榕	钟礼义	饶火火	施乐乐
黄志龙	黄暖云	傅俊生	赖淑芳	廖剑华	

海峡出版发行集团 | 福建科学技术出版社
THE STRAITS PUBLISHING & DISTRIBUTING GROUP | FUJIAN SCIENCE & TECHNOLOGY PUBLISHING HOUSE

图书在版编目（CIP）数据

食用菌栽培提质增效技术 / 黄志龙主编. —福州：福建科学技术出版社，2022.10
ISBN 978-7-5335-6843-6

Ⅰ. ①食… Ⅱ.①黄… Ⅲ.①食用菌－蔬菜园艺
Ⅳ.①S646

中国版本图书馆CIP数据核字（2022）第176250号

书　　名	**食用菌栽培提质增效技术**
主　　编	黄志龙
出版发行	福建科学技术出版社
社　　址	福州市东水路76号（邮编350001）
网　　址	www.fjstp.com
经　　销	福建新华发行（集团）有限责任公司
印　　刷	福建省金盾彩色印刷有限公司
开　　本	700毫米×1000毫米　1/16
印　　张	11.5
字　　数	186千字
版　　次	2022年10月第1版
印　　次	2022年10月第1次印刷
书　　号	ISBN 978-7-5335-6843-6
定　　价	38.00元

书中如有印装质量问题，可直接向本社调换

食用菌产业是我国现代农业的新兴产业，也是最具活力的优势产业，在促进现代农业发展和实施乡村振兴战略中发挥着越来越重要的作用。

福建作为全国食用菌产业的核心区，始终坚持发展理念，坚持科技创新、绿色发展之路。2019年，福建省启动新一轮包括食用菌产业在内的现代农业产业技术体系建设，本轮体系建设实施时间2019~2022年。食用菌产业技术体系针对福建省食用菌产业发展的需求，以双孢蘑菇、海鲜菇、秀珍菇、银耳、灵芝等主栽种类为主攻方向，围绕种性保持、高效栽培、病虫害绿色防控、菌渣资源化利用等关键技术，组织1个首席专家工作站、4个岗位专家工作站和8个综合试验推广站进行技术攻关、试验熟化，集成创新了6项提质增效技术。为加速食用菌提质增效技术的推广应用，体系组织相关专家、站长及团队成员对双孢蘑菇、海鲜菇、秀珍菇、银耳、灵芝、紫芝的栽培技术进行归纳、总结和提炼，并将体系成果融入其中，采用图文并茂方式，编写成适合指导不同生产模式的实用技术图书，以供广大菇农学习、借鉴。

本书编写过程中，得到体系各岗站依托单位福建省食用菌技术推广总站、福建农林大学生命科学学院、福建省农业科学研究院食用菌研究所、漳州市经济作物站、龙岩市农业农村局、南平市农业科学研究所、古田县食用菌研发中心、武平县农业农村局、罗源县农业农村局、顺昌县农业农村局和福建省祥云生物科技发展有限公司的大力支持。另外，福建万辰生物科技股份有限公司、福建仙芝楼生物科技有限公司、福建龙海市佳兴食用菌专业合作社等单位提供部分技术资料和照片，在此表示感谢！

由于编写时间紧迫和编者学识水平有限，书中不足之处，敬请读者提出宝贵的意见和建议。

福建省现代农业食用菌产业技术体系

目录

一、双孢蘑菇

双孢蘑菇隶属于真菌门、担子菌纲、伞菌目、蘑菇科、蘑菇属。

双孢蘑菇是福建食用菌栽培主要种类。近年来，随着科技创新与进步，双孢蘑菇栽培涌现出一批新品种、新基质和新模式，继 W192、W2000 之后又选育出福蘑 38、福蘑 48 等一批具有自主知识产权的双孢蘑菇新品种。工厂化杏鲍菇、金针菇的菌渣作为双孢蘑菇新基质应用取得成功，培养料集中堆制发酵分散培养出菇新模式得到推广，工厂化周年栽培也得到稳步推进。福建省现代农业食用菌产业技术体系在集成和熟化的基础上，总结了一套双孢蘑菇提质增效技术，供广大企业、合作社和栽培户借鉴。

（一）新品种种性特征

近年来，经福建省非主要农作物品种认（鉴）定的双孢蘑菇新品种有福蘑 38、福蘑 48、福蘑 52 和福蘑 58，其中福蘑 38、福蘑 48 和福蘑 52 较适合工厂化栽培，福蘑 58 既适合工厂化栽培，也适合季节性农法栽培。

1. 福蘑 38 品种

该品种单生菇多，丛生菇少，大小适中，结实不易开伞，菌盖为扁半球形，表面光滑，绒毛和鳞片少；菌柄较粗短，为近圆柱形，子实体菌盖及菇柄切口不易变色发红，适合鲜销与罐头加工（图1-1）。

该品种适合工厂化栽培。菌丝生长温度 10~32℃，适宜生长

图1-1 福蘑 38 品种

1

温度 24~28℃；出菇温度 10~24℃，适宜出菇温度 14~20℃。播种后菌种萌发快，菌丝吃料与爬土速度较快，原基纽结能力强，密度适中，转潮较明显，1~4 潮产量较多。粪草培养料投干料量 30~35 千克 / 米²，氮量 1.4%~1.6%，培养料含水量 65%~68%。投料量不足、含氮量太低或水分不足都会影响产量或产生薄菇和空腹菇等质量不良现象。

2. 福蘑 48 品种

该品种多为单生，朵形圆整，组织较结实，菌盖洁白，划伤不易褐变，适合鲜销（图 1-2）。

该品种适合工厂化栽培。菌丝生长温度 10~32℃，适宜生长温度 24~28℃；出菇温度 10~24℃，适宜出菇温度 14~20℃。出菇时降温速度不宜太快，一天 0.5℃左右为宜，降温速度太快易造成菇蕾太密，影响品质。播种后萌发较快，菌丝吃料速度中等偏快，生长强壮有力，抗逆性较强。菌丝爬土速度中等偏快，纽结能力强，生长快，头二潮产量高。粪草培养料投干料量 40~60 千克 / 米²，含氮量 2.0%~2.5%，含水量 65%~68%。覆土层厚度应适当加厚 0.5 厘米，以 4~4.5 厘米为宜。

3. 福蘑 52 品种

该品种多为单生，朵形圆整，组织较结实，平均单粒重 23.8 克，菌盖洁白，划伤不易褐变，耐褐变能力强，适合鲜销与罐头加工（图 1-3）。

该品种适合工厂化栽培。菌丝生长温度 10~32℃，适宜生长温度 24~28℃；出菇温度 10~24℃，适宜出菇温度 14~20℃。出菇时降温速度不宜太快，一天 0.5℃左右为宜，降温速度太快易造成菇蕾太密，影响品质。播种后萌发较快，菌丝吃

图 1-2　福蘑 48 品种　　　　　　图 1-3　福蘑 52 品种

料速度中等偏快，生长强壮有力，抗逆性较强。菌丝爬土速度中等偏快，纽结能力强，生长快，1~4潮产量较多、较平均，转潮较明显且间隔时间短。粪草培养料投干料量30~50千克/米²，含氮量1.6%~2.0%，含水量65%~68%。

4. 福蘑 58 品种

该品种多为单生，丛菇少，菌盖为扁半球形，菌盖不易开伞，表面光滑，绒毛和鳞片少，颜色较白，菇体大小均匀，菌盖抗褐变能力略强，成品菇比例较高，品质优良，适合鲜销市场及罐头加工（图1-4）。

图 1-4　福蘑 58 品种

该品种适合工厂化栽培和季节性栽培。菌丝生长温度10~32℃，适宜生长温度24~28℃；出菇温度10~22℃，适宜出菇温度14~20℃；耐高温能力略强，对斑点病有较强的抗性。播种后萌发快，菌丝在培养料中比较浓密，走菌速度快，菌丝爬土能力强，原基纽结能力强，密度适中，子实体生长快，转潮较明显、转潮中薄菇比例少，1~4潮产量较多。粪草培养料投干料量35~40千克/米²，含氮量1.5%~1.7%（工厂化栽的含氮量2.5%），含水量65%~70%。

（二）菇房建造

菇房是双孢蘑菇生长发育的场所，由于季节性栽培与工厂化栽培的管理条件不同，菇房建造要求也不同。

1. 季节性栽培菇房建造

菇房坐北朝南，具有保温、空气流通、无直射阳光、照明度均匀、内部整洁等条件，菇房大小要适中，太大不利于环境因子调控，太小会导致成本增加。

（1）室外菇棚

采用竹木、塑料薄膜和茅草搭盖而成，每座菇棚（图1-5）栽培面积约230米²，占地面积70~90米²，长10~11米，宽7~8米，边高4~4.5米，中高5~6米。

图 1-5　室外菇棚外观

菇床排列方向与菇棚方向垂直，两侧操作的床架长 6 米、宽 1.5 米，共有 4 架菇床；单侧操作的床架长 7.5 米、宽度 0.9 米，共有 2 架菇床。在床架间与床架两头设通道，两头通道宽度 0.7~0.8 米，中间通道宽度 1 米，层次 5 层，底层离地 0.2~0.4 米，层间距离 0.6 米，顶层离房顶 1 米以上。床架之间每条通道两端各开上、中、下纱窗，窗的大小为 0.3 米 ×0.4 米，每条通道中间的屋顶设置拔风筒，筒高 0.5 米，内径 0.3 米，3~4 个，拔风筒顶端装风帽，大小为筒口的两倍，帽缘与筒口平。菇棚须开 1~2 扇门，在中间通道或第 2、4 通道开门，宽度与通道相同。

（2）室内菇房

采用砖混、石棉瓦、挤塑板、泡沫板等搭盖而成。每座菇房（图 1-6）栽培面积 350~550 米²，占地面积 100~130 米²，长 12~15 米，宽 8~9 米，边高 5~6 米，中高 6~7 米。

菇床排列方向与菇房方向垂直，床架长 7~9 米，两侧操作的床架宽度 1.5 米，中间通道宽度 1 米，单侧操作的床架宽度 0.9 米，通道宽度 0.8 米，层次 8~12 层，底层离地 0.3 米，层间距 0.45~0.55 米，顶层离房顶约

图 1-6　室内菇房外观

1 米。菇床架间通道两端墙面自上到下间隔 0.5 米开设通风窗口 0.3 米 ×0.4 米。

2. 工厂化栽培菇房建造

工厂化栽培菇房应具有温、湿、光、气调控条件，特别是菇房需要经过高温蒸汽消毒，菇房建造所需材料及配备电源、调控设施能耐受高温高湿环境侵蚀，同时，出菇时二氧化碳浓度不能太高，对通风设备要求也较高。

图 1-7　工厂化菇房外观

工厂化栽培菇房（图 1-7）墙体和屋顶通常采用 10 厘米厚的阻燃性彩钢泡沫板铆接而成，分成若干间菇房，每间菇房栽培面积 300~1000 米^2，占地面积 60~300 米^2，长 12~30 米，宽 5~20 米，边高 5 米，中高 6 米。

床架排列方向与菇房方向垂直，床架采用不锈钢或防锈角钢制作（图 1-8），长 10~12 米，宽 1.4 米，2~4 排床架。菇床分 5~6 层，底层离地 0.4 米，层间距离 0.6 米，顶层离房顶 2 米左右。床架间通道下端开设 2~4 个百叶扇通风窗。

工厂化栽培菇房需要配备温度、湿度、二氧化碳浓度控制设备，设备选型时应根据菇房的结构、节能情况等因素进行考量，设备主机

图 1-8　不锈钢床架

通常安装在菇房外面（图 1-9），温度调节和新风补助需要通过管道连接，沿菇房走廊安装一条空气总管，再连接一条塑料膜管道将温湿度合适的空气送到菇房里（图 1-10）。

图1-9 设备主机　　　　　　　　　　　　图1-10 通风管道

（三）培养料堆制发酵

培养料是双孢蘑菇生长发育的物质基础。培养料所采用的原料、配比及发酵质量优劣直接影响到双孢蘑菇的产量与品质。双孢蘑菇栽培常用原料有稻草、麦秆、牛粪、鸡粪等。随着杏鲍菇、金针菇工厂化生产的发展，其菌渣被成功循环再利用栽培双孢蘑菇，不仅节约成本、节省一次发酵时间，而且降低劳动强度，得到产区菇农的青睐。由于菌渣的营养成分、理化性状与稻草、麦秆等原料不同，用于栽培双孢蘑菇的配方、发酵要求也有所区别。

1. 培养料配方

双孢蘑菇品种不同，培养料中原辅材料的种类、来源不同，所需的培养料配方也会有所差异。双孢蘑菇培养料要以发酵前后碳氮比、含氮量为主要指标进行配比，发酵前培养料的碳氮比（30~33）：1，含氮量1.4%~1.6%；发酵后培养料的碳氮比（17~18）：1，含氮量1.6%~2.0%。如果培养料氮源过少，导致双孢蘑菇菌丝弱而影响产量；如果培养料氮源过多，则可能引起双孢蘑菇菌丝徒长，推迟出菇，而且容易造成培养料中存在一定浓度的游离氨，导致双孢蘑菇菌丝生长受抑制。

不同原辅材料、不同栽培模式所采用培养料配方不同，以下为培养料推荐配方（以每平方米栽培面积计算）。

（1）季节性栽培

①粪草培养料配方：干稻草20千克、干牛粪13千克、豆饼粉0.8千克、尿素0.25千克、过磷酸钙0.5千克、轻质碳酸钙0.4千克、碳酸氢铵0.25千克、石膏粉0.5千克、石灰0.5千克。

②菌渣培养料配方：菌渣60千克（杏鲍菇菌渣60千克或杏鲍菇菌渣40千克、金针菇菌渣20千克）、干牛粪10千克、过磷酸钙0.5千克、轻质碳酸钙0.5千克、石灰0.25千克。

（2）工厂化栽培

①粪草培养料配方：干稻草（麦秆）40千克、鸡粪15千克、豆粕0.3千克、尿素3千克、石膏0.4千克。

②菌渣培养料配方：菌渣140千克（杏鲍菇菌渣、金针菇菌渣各70千克）、干牛粪10千克、豆粕1千克、轻质碳酸钙1千克、石灰0.5千克。

2. 培养料制备

培养料制备是双孢蘑菇栽培重要环节，它是由培养料堆制发酵来完成。培养料经过堆制发酵才能将各种原料转化为让双孢蘑菇菌丝吸收利用的营养物质，并培养有利于双孢蘑菇生长发育的有益微生物，同时，还能杀死原料中的病原菌及其孢子、害虫及虫卵、草籽。

培养料堆制发酵分为常规发酵和隧道发酵两种模式，均分为一次发酵和二次发酵两个阶段。常规发酵和隧道发酵均适合季节性栽培，隧道发酵适合工厂化栽培。

季节性栽培堆料发酵日期要以双孢蘑菇最佳播种日期往前推算而来，不同培养料配方所需一次发酵时间不同，粪草培养料一次发酵时间22~25天，菌渣培养料发酵一次发酵时间6~15天，也就是说采用菌渣培养料堆料发酵日期可比粪草培养料发酵日期推迟半个月。

（1）常规发酵

①一次发酵：一次发酵通常在菇房（棚）周围的室外堆料场上进行（图1-11），这种发酵方式不仅劳动强度大，而且发酵过程产生臭气、污水影响村容村貌。近年来，福建漳州推广一次发酵集中生产供料新模式（图1-12），有效地解决双孢蘑菇培养料分散建堆发酵所带来的环境污染问题。

图 1–11　室外堆料场

图 1–12　一次发酵集中生产供料

一次发酵包括预堆、建堆和翻堆 3 个环节，但不同培养料配方，操作要求有所区别。

A. 粪草培养料配方的一次发酵程序见表 1–1，操作要点如下。

表 1–1　粪草培养料配方的一次发酵程序

堆制程序	时间间隔／天	添料程序
预 堆	1~2	稻草、石灰粉，牛粪、饼粉
建 堆	3~4	尿素
一 翻	3~4	过磷酸钙、碳酸氢铵
二 翻	3~4	石膏粉
三 翻	1~2	轻质碳酸钙、石灰粉
一次发酵结束将料移至菇房（棚）进行二次发酵		

预堆：新鲜无霉变的稻草、牛粪等配料经过准确过秤后，先将稻草切短，在 1% 的石灰水池中浸泡充分预湿，钩沥稻草并随堆随踩成长方形；牛粪碾碎过筛，均匀混入饼粉，加水预湿堆成长方形，含水量掌握在以手抓成团放地松散即可。预堆时间 1~2 天。

建堆（图 1–13）：建堆前先清扫场地，用石灰画出堆基，堆基周围挖沟，使堆料场地不积水。堆料宽 1.2~1.4 米，不宜超过 1.7 米，避免因料堆中间缺氧而影响发酵；农户堆料高 1.3~1.5 米，太高会造成翻堆困难，专业化堆料借助翻料机可适当增加堆料高度；堆料长度视栽培用料和场地而定。建堆时底层铺 30 厘米厚的稻草，接着交替铺上3~5厘米厚的牛粪和25厘米厚的稻草，这样交替铺6~10层。铺放稻草时既要求疏松、抖乱，又要扎边切墙，料堆边应基本垂直。铺盖粪肥要求边上多、里面少，上层多、下层少。从第三层起开始均匀加水和尿素，并逐层增加，特别是顶层应保持牛粪厚层覆盖，顶部堆成龟背形，以增加上层压力。水分掌握在料堆四周有少量水流出为宜，建堆3~4天后进行翻堆。

图1-13　建堆

翻堆（图1-14）：翻堆主要目的是要改变料堆各部位的发酵条件，调节水分，散发废气，增加新鲜空气，添加养分；让料堆的各部分充分混合，制成尽可能均匀的堆肥；促进有益微生物的生长繁殖，升高堆温，加深发酵，使培养料得

图1-14　翻堆

到良好的转化和分解。翻堆时应上下、里外、生料和熟料相对调位，把粪草充分抖松，干湿拌合均匀。培养料翻堆的次数要根据发酵腐熟程度进行适当调整。

第一次翻堆：一般建堆后的第1天料温上升，第2~3天料中心温度可达70~75℃，至第3~4天即可进行第一次翻堆。翻堆时要改变堆形、前后竖翻，料堆中间每隔1米设排气孔，翻堆时仍要浇足水分，并分层加入所需的铵肥和过磷酸钙，水分掌握翻堆后料堆四周有少量粪水流出。

第二次翻堆：第一次翻1~2天后，堆温迅速上升，料温可达75~80℃，第3天后再进行第二次翻堆。翻堆后应尽量抖松粪草，石膏分层撒在粪草上，并在料堆中设排气孔，利于均匀发酵。这次翻堆原则上不浇水，较干的地方补浇少量水，须防止浇水过多造成培养料酸臭腐烂现象。

第三次翻堆：第二次翻堆2~3天后，即可进行第三次翻堆。翻堆要前后竖翻，使粪草均匀混翻，并在料堆中间设排气孔，改善通气状况。石灰粉和碳酸钙混合均匀后分层撒在粪草上。堆制过程料堆水分应掌握"前湿、中干、后调整"的原则。2天后结束一次发酵，把培养料搬进菇房（棚）进行二次发酵。如果堆料仍然偏生，可以继续延长一次发酵时间。

一次发酵结束后培养料的质量要求：培养料颜色应呈咖啡色，生熟度适中（草料有韧性而又不易拉断），堆料疏松，含水量为65%~72%，pH7.5~8.5。

在一次发酵过程中容易产生以下问题：一是一次发酵温度起不来，主要原因是霉变或腐烂的培养料、培养料含氮量不足、料堆太宽、料太湿都会引起厌氧发酵导致发酵温度偏低。采取的措施为选用新鲜、质量好的原辅材料、培养料中有足够含氮量和适宜的含水量，夏天料堆宽不宜超过2米，冬天料堆宽不宜超过3米。二是翻堆时，发现部分培养料发黑、发黏、发臭或发酸。这主要是由于培养料内水分过多，粪草过湿，造成了厌气发酵的缘故。采取的措施为翻堆时将中间黑、臭、黏的培养料翻到外面，将粪草料抖松，便于散发水分；在料堆内打洞，增加通气性。三是料堆内产生白色粉末状的物质。在高温、干燥的情况下，耐高温的放线菌容易大量繁殖、生长，消耗培养料内的养分。采取的措施为发现堆料有白色粉末物质时，必须浇足水分以免培养料过干。四是料堆内草腐烂，粪块较生，有霉气。产生这种情况的原因主要是培养料前期堆温不高，又没有及时采取适当措施，使培养料不是腐熟而是腐烂。采取的措施为及时翻堆，提高堆温。

B.菌渣培养料配方的一次发酵程序见表1-2，操作要点如下。

表1-2 菌渣培养料配方的一次发酵程序

堆制程序	时间间隔／天	操作内容
预湿	2~3	进行原材料喷淋，使原料含水量提高到80%以上
建堆		将菌渣建堆为堆高1.2~1.5米，堆宽2~3米
一翻	3~4	添加轻质碳酸钙、过磷酸钙等辅料
二翻	3~4	根据堆温情况进行调整
三翻	3~4	根据堆温及含水量情况进行调整
一次发酵结束将料移至菇房（棚）进行二次发酵		

预湿：用于双孢蘑菇栽培的菌渣培养料为工厂化杏鲍菇、金针菇的菌渣，袋

栽菌渣（图1-15）通过脱袋粉碎，瓶栽菌渣（图1-16）通过挖瓶机打碎挖出。经处理后的菌渣与牛粪进行分别堆积80~100厘米高进行预湿（图1-17），少量多次淋水，直至料含水量达到饱和。料预湿好后，停水1~2天，用翻料机翻一遍牛粪，使牛粪充分破碎。然后将牛粪、菌渣及辅料过磷酸钙堆在一起，混匀。

图 1-15　袋栽菌渣

图 1-16　瓶栽菌渣

图 1-17　菌渣预湿

建堆（图1-18）：选择堆料场地时，要求地面平整卫生、无杂物、不积水，同时方便小型铲车进行翻堆作业。由于菌渣的物理性状与稻草不同，建堆时常堆成宽5~6米、高2~4米、长度依据场地情况而定的堆垛，或是直接利用铲车堆成圆锥形料堆进行发酵（图1-19）。

图 1-18 建堆

图 1-19 发酵

翻堆（图 1-20）：建堆后 1 天温度即可达到 60℃以上，但是最高温度不超过 70℃，与粪草培养料配方一次发酵时的温度相比会偏低 10℃左右。建堆后 3~4 天翻一次堆，中间翻堆 2~3 次，间隔时间为 3~4 天。农户堆料一次发酵时间 6~10 天，专业化堆料因为堆料规模大，采取延长一次发酵时间和增加翻堆次数的方法保证培养料质量，一次发酵时间 20 天左右、翻堆

图 1-20 翻堆

4 次。翻堆前需要检测料的含水量，若水分不够，要先补水再翻堆。如果配方中添加金针菇菌渣，需要适当延长发酵时间、增加翻堆次数。

一次发酵结束后培养料的质量要求：培养料由黄棕色转变为黑褐色，含水量一般在 75%~80%，pH 为 8~9，料中有比较明显的氨味，无酸臭味。

菌渣培养料配方的一次发酵应注意以下几点：一是菌渣和牛粪预湿时间要足，采取少量多次淋水措施，菌渣含水量控制比稻草料高一些，含水量低会引起发酵不充分，含水量过高会因透气性差影响发酵。二是调节 pH 不宜多用石灰，若使用了石灰，添加量不可超过 0.15 千克 / 米 ^{2}，不然发酵时会产生较多氨气，影响发酵。三是发酵期间在料堆上打孔，打孔直径 6 厘米，间距 50 厘米，从而有利于空气进入料堆，降低发生厌氧发酵的风险。

②二次发酵：将一次发酵的培养料移入菇房（棚）的菇床上进行二次发酵，其目的是通过巴氏消毒杀灭残留在未能完全腐熟堆料中的有害生物体。同时为堆料中有益微生物菌群即高温细菌（最适温度 50~60℃）、放线菌（50~55℃）、<u>丝</u>

状真菌（45~53℃）创造出适宜的活动与繁衍条件，继续发酵并积累只适于双孢蘑菇生长的营养基质。

二次发酵具体操作方法如下。

消毒：菇房（棚）需要预先消毒，消毒后应打开门窗通风，排除废气后即可进料。

进料：将经一次发酵的培养料迅速搬进菇房（棚），堆放在中间三层床架上，厚度自上而下递增，分别为30厘米、33厘米、36厘米，堆放时要求料疏松、厚薄均匀。福建漳州模式菇房的培养料在进料时就分层定量填充，发酵好后就可直接进行整床播种。

发酵：发酵前必须检查菇房，菇房不得漏气。培养料进房后，关闭门窗，让其自热升温，视料温上升情况启闭门窗，调节吐纳气量，促其自热达48~52℃，培养2天左右（视料的腐熟程度而定），待料温趋于下降时再进行巴氏消毒。

利用菇房（棚）里通入蒸汽加温让料温控制58~62℃维持8~10小时（福建漳州菇农认为料温控制60℃维持12~24小时，然后再提高至65℃维持6~8小时才能更好地杀灭潜伏在菇房内病原菌），之后控制料温48~52℃维持4~5天，每天小通风1~2次，每次通风数分钟。

二次发酵结束后培养料如果发生沤制或游离氨含量过高等现象，不能急于播种，应进行再发酵。具体做法是待二次发酵结束后，让其自然降温至30℃后开始通风。待完全通风进行翻格（通风未足禁止人员进入，以防中毒事件发生），即将培养料均匀摊铺于各层，上下翻透抖松，然后整平料面，再重新密闭菇房，通入蒸汽加热，继续保持料温至48~52℃培养48小时。

二次发酵结束后培养料的质量要求：颜色呈褐棕色，腐熟均匀，富有弹性，稻草轻轻拉即断；培养料碳氮比（17~20）：1，含氮量1.8%~2%，含水量65%~68%，氨含量0.04%以下，pH 7.5~7.8；具有浓厚的料香味，无臭味、异味；料内及床架上长满灰白色的、可供双孢蘑菇优先利用的嗜热性微生物菌落。

氨含量是检验二次培养料好坏的重要指标，可采用氨气检测管（图1-21）进行判定，即将

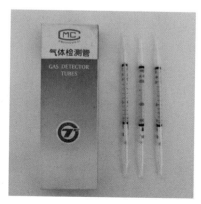

图1-21 氨气检测管

培养料填充在检测管中的吸附物质和氨产生反应引起颜色的变化,检测培养料的氨含量。福建漳州角美农业发展公司也提供了一种简单的氨气检测方法,即在二次发酵快结束时,取一把尚未降温的培养料,加熟石灰20克左右进行揉搓,通过熟石灰的作用可以闻其气味,判断培养料的氨含量,判断培养料中是否残留有未转化的游离氨。

在二次发酵过程中容易产生以下问题:一是培养料过干。主要原因是二次发酵前期培养料含水量偏低,同时在发酵期间又未能采取保湿的措施。补救的措施为在播种前用1%~1.5%石灰清水进行调节,适当提高培养料含水量。二是培养料内灰白色的有益微生物很少,转色差。这主要是二次发酵期间料温过高、通气不良等因素所造成。补救的措施为延长二次发酵的时间2~3天,维持好控温(48~52℃)阶段,并适当通风,培养好气嗜热的有益微生物。

菌渣培养料配方的二次发酵与上述做法基本相同,包括升温、控温和降温3个阶段。但由于菌渣具有自热现象,特别是金针菇菌渣添加量多时,料温会快速升高至70℃以上,导致培养料发酵过程产生的氨气转化不彻底,因此,进入二次发酵时,应先让培养料自热升温后再通入蒸汽进行巴氏灭菌,不能像粪草培养料那样直接通入蒸汽升温。同时,在发酵过程中一定要多开窗换气排异味。

(2)隧道发酵

①隧道一次发酵:将经预湿的培养料置于发酵槽(图1-22)进行发酵(图1-23)。发酵槽顶部敞开,内部宽3~4米,三边墙壁高3.5~4.5米、长18~22米。地板是钻有透气孔的混凝土预制板,全部孔隙约相当于地板面积的25%。为便于气流在地板下分布流通,在有孔地板与下层水泥地面之间留有0.5米的空间。采

图1-22 发酵槽

图 1-23　在发酵槽里发酵

图 1-24　倒仓

用高压风机进行间歇式送风，风机风压 5000~7000 帕，供风量为每小时每吨培养料 15~20 米^3，供气时间和间歇时间要根据不同原材料材质和料堆温度的变化进行调整。

一次发酵时间通常为 9~14 天（可根据所用原材料的不同适当调整发酵天数），其间倒仓 2~3 次（图 1-24）。料温达到 80℃维持 1 天倒仓，料温再达到 80℃维持 3 天倒仓，料温最后达到 80℃维持 1 天转入二次发酵隧道。

菌渣培养料的隧道一次发酵，不能直接套用粪草培养料发酵的技术参数，需要根据菌渣本身的理化性质进行相应的调整和改进。在发酵过程中经常发现底部的菌渣培养料易出现结块、偏干的现象引发发酵不均匀问题，影响出菇期管理与出菇产量。

隧道一次发酵结束后培养料的质量要求：培养料呈浅咖啡色，略有氨气味，含水量 65%~73%，pH 8.0~8.5，含氮量 1.5%~1.8%。

②隧道二次发酵：一次发酵结束后，将培养料移至发酵隧道内进行二次发酵（图 1-25）。发酵隧道除了一个排气口和进气口外（进气口一般采用高压风嘴或低压格栅系统），其余地方完全密闭，具备优良的保温性能、抗压能力和可控温、控湿、控制风量的空气内、外循环混合系统。循环风机具有满足隧道内每吨堆料 200 米^3/时循环风量，最大能产生 100 毫米汞柱静压力的能力。一次培养料移至发酵

图 1-25　隧道二次发酵

隧道时要将培养料充分疏松，然后通入循环空气，来使整个培养料保持温度平衡。第二天，当培养料温度达到50℃时，通过新风比例调节使培养料升温进入巴氏消毒阶段，如升温过慢可通入蒸汽，使料温升至58~62℃，空间温度不低于57℃，维持8小时。通过新风（新鲜空气）和回气（循环空气），将培养料温度维持48~52℃，空间温度不低于45℃，维持6天，期间通气次数和通风量要视料温而定。然后导入新风进行冷却，12小时将培养料温度降至30℃以下，即可出料。

隧道二次发酵效果不理想，主要是因为风机功率不匹配导致新鲜空气供给不足或太强的结果，还有就是隧道内不同位置的堆料密度不同导致通风不均匀造成的。因此在风机流量和压力满足的情况下还必须满足以下条件才能制造出均匀统一的优良培养料：一是保证堆料的结构、含水量、分解程度等是均匀的。二是堆料充分混合，以相同厚度和密度进行装料，装料呈均匀状态。三是装料作业一次完成，不能中断，堆料层不会产生断层。四是隧道下部的通风地面对着空气入口呈2%的坡度，目的是维持前后空间的压力均衡和有利于排除积水。但在实际生产过程中要保持绝对的均匀是不可能的，为了达到二次发酵过程中温度、需氧量的动态平衡需要管理者具有丰富的实践经验。

隧道二次发酵结束后培养料的质量要求：培养料颜色由淡棕色转为深棕色，有大量白色放线菌布满整个料面，培养料质地柔韧，手感不黏不污手，浸出液为清澈透明，含水量68%~70%，pH 7~7.5，含氮量2.1%~2.3%，无氨味或其他异味。

（四）播种与养菌

1. 季节性栽培的播种与养菌

（1）整床

二次发酵结束后，当料温降至42~45℃时，就要全部打开门窗通风，待培养料温度降至30℃左右时开始整床（图1-26），把培养料均摊于各层，上下翻透抖松。如培养料偏干，可适当喷洒pH8~9的石灰清水，并再翻料一次，使之干湿均匀；如培养料偏湿，可将料抖松并加大通风，降低其含水量。然后整平料面，料层厚度掌握在20厘米左右，料面培养料含水量控制60%~62%，以黏而不出水为宜。整床的同时要打开安装在菇房（棚）中间通道屋顶的拔风筒。

（2）播种

当料温稳定 28℃、菇房（棚）内温度维持 25~28℃时开始播种（图 1-27），播种量 0.3~0.5 千克 / 米²，采取混播与面播方式播种，3/4 的菌种在料面、1/4 的菌种在料层中，播种后要压实打平，关闭门窗，保温保湿，促进菌种萌发。播种时发现床面料偏干，就要用 0.3%~0.5% 石灰水进行调湿。

图 1-26　整床

图 1-27　播种

（3）发菌管理

播种后 2~3 天内关闭门窗，保持高湿促进双孢蘑菇菌种萌发（图 1-28）。发菌期间要密切关注料温的变化，料温控制在 25℃左右。3 天后，待菌种萌发且菌丝发白并向料内生长时，可适当开顶窗进行通风。7~10 天后，菌丝基本封面，每天开一层窗户进行通风，让料面保持略干，促使菌丝整齐往下吃料（图 1-29），10 天以后将所有窗户打开通风，18~20 天后，菌丝发菌至料底即可覆土。

图 1-28　菌丝萌发

图 1-29　菌丝往下吃料

播种以后，如管理不当，在生产上很容易发生以下问题，必须及时采取相应措施。

①菌种块菌丝不萌发：播种后，在正常情况下，3天内菌种块菌丝便会萌发。如果料温连续2~3天高于33℃，菌种块菌丝便会被"烧死"而不能萌发；料内氨气散发不彻底，菌种块对氨气极其敏感，不能正常萌发；如果房（棚）内温度高于30℃以上，菇房（棚）通风不够，菌种块菌丝因闷热而失去活力，也不能萌发。采取的措施为增加翻架次数、加大菇房通风、降低料温、散发氨臭、再次后发酵、及时调换菌种进行补种。

②菌种块菌丝不吃料：播种后菌种块菌丝萌发正常，但迟迟不往培养料上生长。产生这种情况的原因，多数是培养料过干或过湿，以及培养料营养不协调所致。采取的措施为培养料过干，需加湿调节；培养料过湿，应加大菇房通风，散发水分；因料内营养成分不协调，则需重新将培养料用水冲洗，再行堆制。

③料内菌丝稀疏无力，生长缓慢：产生这种情况的原因主要是培养料的养分较差，前发酵期间料温不够高，或者使用的粪草在堆料前已经发过热、发过霉，致使培养料松散无凝性，养分差。在这种培养料上生长的菌丝生长往往表现出稀疏、无力、缓慢。采取的措施为应选用新鲜原料，提高培养料前发酵的质量，使之达到高温快速发酵的要求，再经过后发酵，情况可以得到改善。

④料内出现线状菌丝，而绒毛菌丝稀少：造成这种状况的原因，主要是配方不当，粪肥过量。在前发酵过程中又造成了厌气性发酵，加之培养料过生、过湿，料内透气性差，氧气不足而妨碍了绒毛菌丝的生长，提前形成线状菌丝。采取的措施为改善培养料的通气性，配料时粪肥不宜过多，堆期不宜过长，并在料内打洞增加通气性，防止厌气性发酵。

2. 工厂化栽培的播种与养菌

（1）装床播种

将发酵好的培养料通过上料机（图1-30）将菌种和二次培养料混合后装到床架上（图1-31），铺料9~11米²/吨，即投料90~110千克/米²，接种多采用混合播种方式，播种量0.5~1千克/米²。播种前应提前将适龄菌种或储存于冷藏室中的菌种取出捌散后集中置于22~25℃环境中恢复一天，以促进菌丝活化，上料机器、设备及播种人员的手和衣服需要清洁。上料完毕后，将总量20%的菌

图 1-30　上料机

图 1-31　菌种与培养料混合

种散播在料面，有助于缩短双孢蘑菇菌丝的发菌时间，加快菌丝封面，降低杂菌感染。

（2）发菌管理

播种完毕的菇床需要覆盖塑料薄膜进行保湿（图 1-32），促进菌丝恢复萌发。菌种萌发开始吃料后，培养料的颜色开始变浅至棕黄色，料温也会迅速上升，播种第 7~8 天，料温将达到最高点，料温比室温高出 1~3℃。菌丝培养期，料温控制 24~25℃，空气相对湿度控制 90%~95%。料温高于 26℃，需进行通风降温，必要时在地板浇水，开启风机内循环，减小各个床架间的温差。如果料温高于 30℃就容易对菌丝造成不可逆的伤害，即使菌丝正常吃料对后期出菇产量也会造成较大影响。接种后 9~10 天即可进行揭膜，然后控制菇房温湿度，待菌丝表面恢复为绒毛状即可准备进行覆土操作。工厂化栽培发菌期通常控制在 15~18 天，不同品种间略有差异，超过这一时间就需要分析可能存在的问题。

图 1-32　菌床保湿

（五）覆土

当菌床底有 2/3 面积出现双孢蘑菇菌丝时，即可覆土（图 1-33）。覆土是双孢蘑菇栽培的重要环节，不覆土不出菇。覆土材料应具有良好的团粒结构，毛细孔隙丰富，疏松透气，不易板结，具有良好的吸水性和持水能力，含有适量的腐殖质，土壤营养肥分少，不带有病原菌、害虫及虫卵。用作覆土的土壤材料主要有草炭土、稻田土、菜园土、壤土等。各地可根据当地土壤来源和栽培模式选择适宜的覆土材料。福建漳州季节性栽培多选用黄壤土为材料，工厂化栽培多选用草炭土添加黄壤土复合材料。

图 1-33　覆土

选择黄壤土为覆土材料，需要添加谷壳和石灰，增加覆土层的通透性和酸碱度，每平方米栽培面积覆土量为黄壤土 45 千克、谷皮 0.75 千克、石灰 0.25 千克。覆土前将土打碎，少量多次地加水，2 天内将水调到合适量。翻堆前，将谷皮和石灰一次性加入土中，拌均匀堆积备用，期间不能被雨淋。

选择草炭土为覆土材料，需要添加 25%~40% 的黄壤土，避免细脚菇产生，并添加石灰调节酸碱度，每平方米栽培面积覆土需添加石灰 0.4 千克。覆土前将草炭土与黄壤土经破碎机破碎后，与石灰混合均匀，堆成 60~70 厘米高的土堆，堆上表面要压实、平整，四周用土围成一个约 10 厘米高的挡水坝，少量多次地向堆面加水，使土完全吸透水分。一周后土中多余水分基本散失，手抓土成团，落地散开即可使用。

覆土可采用分批覆土或一次性覆土的方法。分批覆土先覆盖粗土再覆盖细土，一次性覆土是将粗细土混合均匀直接覆盖。随着劳动力成本上升，双孢蘑菇产区多以一次性覆土方法为主。

覆土前，应注意菇床培养料表面干湿情况。如果料面表层太干，可以在覆土前 2~3 天用 pH 8~9 的石灰清水细雾湿润料面，促进料内菌丝回攻和复壮，有利于菌丝爬土；如果料面表面过湿，应及时打开门窗进行大通风以吹干料面，避免料面菌丝徒长，形成菌被，阻碍菌丝的爬土定植。

不同栽培模式覆土方式不同，季节性栽培采用人工覆土，厚度 3~4.5 厘米；工厂化栽培采用拉网机覆土，厚度 4.5~6 厘米。覆土厚度可根据不同品种、不同覆土材料而进行适当调整。如福蘑 42 品种、福蘑 52 品种应适当加厚覆土层 0.5 厘米，厚度以 4~4.5 厘米为宜；覆土材料的团粒结构差、毛细孔隙少的材料可以适当薄些，厚度以 3~3.5 厘米为宜；环境气候较干燥，菇房（棚）的保湿性能差、培养料偏薄或偏干，菌丝生长较旺盛，覆土应适当厚些，以 4.5 厘米左右为宜。覆土层过薄，土层透气性好，但保湿性能差，容易造成土层含水量少或偏干，土层内菌丝生长量不多，产量也相应降低，而且采菇时容易伤害到覆土底层的菌丝，引起死菇；土层过厚，透气性差，喷水时耗工耗时，水分不容易管理，不利于子实体的形成，影响双孢蘑菇的产量和质量。

覆土后要打开菇房（棚）窗户进行通风，第二天开始喷水，喷水量 1~1.5 千克 / 米^2，第三天继续喷水，喷水量 1.5 千克 / 米^2。连续喷水 2 天，然后停水 1 天。10 天内，喷水 4~5 次，喷水量共计 5 千克 / 米^2 左右，水分管理方式要根据不同的模式区分，切记喷水量过多，喷水量过多易引起漏床而造成料面发黑、菌丝退化，应加大通风量，季节性栽培要全部打开门窗通风，工厂化栽培要加大循环风量。覆土后料温会涨得较快，应注意料温不可超过 26℃，避免因高温而影响菌丝生长甚至"烧菌"现象的发生，但料温也不能低于 16℃，避免结菇部位过深甚至出现地雷菇。覆土后 7~8 天，菌丝冒出土层，再补些细土，然后全部打开窗户通风 3 天，再关闭一半门窗，结合菌丝爬土（图 1-34）情况来调控通风大小、通风时间，控

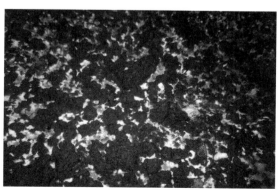

图 1-34　菌丝爬土

制结菇点位置在土层以下 0.6~1.0 厘米。当菇房（棚）内二氧化碳浓度低于 0.5% 时，会导致菌丝过早扭结，部位过深甚至出现地雷菇；当菇房（棚）内二氧化碳浓度高于 0.8% 时，会导致菌丝缺氧、活性下降，抗逆性降低。

（六）出菇管理

1. 季节性栽培的出菇管理

不同产区出菇期不一样，主要是气候条件不同。福建漳州产区出菇期从第一年的 11~12 月份开始至第二年的 4~5 月份结束，分秋菇、冬菇和春菇 3 个阶段，不同阶段管理侧重点不同。

（1）秋菇管理

秋菇是出菇期的重点，产量占总产量的 65%~75%。此阶段管理侧重于喷水和通风，喷水应掌握喷"结菇水"与"出菇水"的时间和喷水量。覆土 12 天左右，就可在覆土表面土缝中见到菌丝。当土缝中见到菌丝时应及时喷"结菇水"，以促进菌丝纽结，此时的喷水量应为平时的 2~3 倍，早晚喷，连续 2~3 天，总喷水量 4.5 千克 / 米² 左右，水质要符合饮用水的卫生标准，以土层吸足水分又不漏到土层下的培养料面为准，不能把水喷到双孢蘑菇菌丝。喷水量不足，会造成菌丝生长过旺，推迟出菇；但一次性喷水量过多，容易造成土面糊化，干后形成一层板结块，不利于菌丝的扭结和原基的形成。在喷"结菇水"的同时，通风量必须比平时大 3~4 倍。遇气温高于 20℃时，应适当减少喷水量、增加通风，并推迟喷"结菇水"。喷"结菇水"后 5 天左右，土缝中出现黄豆大小的菇蕾，应及时喷"出菇水"，早晚喷，连续 2~3 天，总喷水量同"结菇水"，一般 3 天后可采菇。

从覆土到出菇容易出现以下问题。

①料面菌丝萎缩：在覆土调水、喷结菇重水、出菇重水期间，一次喷水过重，水分很容易直接流入料面；覆土前料面较潮湿，结果由于水分过多，氧气供应不足，料面菌丝会逐渐失去活力而萎缩；调水期间，菇房通风不够 或高温期间喷水，这些情况均会产生菌丝萎缩现象。采取的措施为覆土前应加强通风，防止料面太潮湿；覆土后调水、喷水后，要加大菇房通风，高温时不喷水。

②菌丝徒长，土层菌丝板结：覆土上干下湿、"结菇水"喷施过迟、喷结菇重水后菇房通风不够、菇房空气相对湿度过高，均会造成菌丝徒长甚至形成"菌被"

导致迟迟不能结菇。采取的措施为采取松动或拨动培养料，阻止菌丝的继续生长，或喷施重水后要加大菇房通风，促使结菇。

③出密菇、小菇：结菇重水喷施过迟，菌丝爬土太高，子实体往往扭结在覆土表层；结菇重水用量不足，菇房通风不够，菌丝扭结而成的原基过多，造成菇密而小。采取的措施为应及时调节结菇重水，避免菌丝在覆土表面扭结；结菇重水用量要足，菇房通风要大，抑制过多子实体的形成。

④出顶泥菇、菇稀少：结菇重水喷用过急，用量过大，抑制菌丝向土层上生长，促进了菌丝在粗土层扭结，降低了出菇部位，以致第一批菇都从粗土间顶出，菇大、柄长而稀。采取的措施为不宜过早喷结菇水，也不能用水过量。

⑤死菇：这种现象往往在第一潮菇时发生。其原因主要有以下2点，一是高温的影响和喷水不当所引起，在双孢蘑菇原基形成以后，尤其在出现小菇蕾以后，若室温超过23℃，菇房通风不够，这时子实体生长受阻，菌丝体生长加速，营养便会从子实体内倒流回菌丝中，供给菌丝生长，大批的原基便会逐渐干枯而死亡；二是喷施结菇重水前未能及时补土，米粒大小的原基裸露，易受水的直接冲击而死亡。采取的措施为防止高温，喷水时保护好原基可有效减少死菇的发生。

（2）冬菇管理

冬菇产量很小，占总产量的5%~10%，管理的重点在保温保湿，确保菌丝恢复生长。

①打洞散废气：秋菇结束后在培养料的反面打洞，以散发废气，补充新鲜空气。

②看气温管理：当气温低至10℃左右时，即使有零星出菇，也基本不喷水，让菌丝开始进入冬季"休眠阶段"。气温低至5℃左右，每周可喷水1~2次，保持覆土干燥而不变白。气温低于0℃时，每周喷水1次，喷水量约0.45千克/米²。

③加强菇房保温：中午给予适当通风，保持菇房内空气新鲜。

④冬末春初管理：当气温回暖至10℃左右时，应该对覆土进行松动，清除死菇与老根，排除废气恢复菌丝生长。此时需补充一次水分，又称"发菌水"，分2~3天，每天喷1~2次，喷水量约3千克/米²，喷水后适当通风。

（3）春菇管理

春菇产量占总产量的20%~30%，前期以保温、保湿为主，后期以喷水、通风为主。当气温回升至10℃左右时，开始春菇调水，需轻喷勤喷，每天喷水量约0.5

千克/米^2，并逐渐提高覆土的湿度（手捏成团，掉地即散）；当气温至16℃左右时，应选择中午进行通风；当气温至20℃左右时，应选择早晚进行通风，用水要准、要足，以保证产量。春菇中后期，气温偏高，采取降温与病虫害防控措施，及时调控出菇。

2. 工厂化栽培的出菇管理

双孢蘑菇工厂化栽培的出菇管理与常规季节性栽培不同，需要对温度、湿度、通风等环境因子进行精准调控（图1-35）。

（1）温度控制

覆土层菌丝达到70%左右时，需要通过搔菌机进行搔菌处理，防止丛生菇的发生。搔菌后要注意料温的变化，及时调整菇房内温度至24~26℃。当床面菌丝70%~90%露出土面时，就要开始降温，通常需要4~6天将房内温度降至16~18℃，每天降1℃（降温速度要视品种而定，如福蘑48品种、福蘑52品种每天降温0.5℃），控制出菇层次（图1-36），错开采菇时间，确保产品质量，避免因过快降温而产生大量丛菇。菇蕾长至1.5~2.5厘米时，可根据菇的密度

图1-35　工厂化出菇

图1-36　层次生长的双孢蘑菇

来调整出菇房内温度。如果子实体密度较大，须将房内温度降到14℃，以提高双孢蘑菇产品质量。采完第一潮菇需要菌丝复壮，不可轻易提高料温，待再出菇时（转潮）可适当提高料温。

（2）水分控制

双孢蘑菇菌丝长到土层表面时，看到菌丝先端成扇形或辐射形，洁白旺盛，床面有20%的棉絮状扭结点，此时应喷一次水量较多的"结菇水"，刺激子实体

形成，喷水量以 4~5 千克 / 米² 为宜，让土层达到饱和状态（如果覆土材料全部采用高质量的草炭土则不需要打水），若喷水量不足，应在第二天早上补足水，下午补水可能造成原基死亡。此后需停水至小菇长至 1.5~2.5 厘米时，观察料温上升幅度分批次打"出菇水"，料温升得快，"出菇水"就要打得多，喷水量以 4~5 千克 / 米² 为宜（按 1 千克菇约消耗 1.5 千克水比例计算喷水量）。喷水后 2~2.5 小时必须使菇体晾干，否则易发生细菌性斑点。第一潮菇采摘结束后经过 1~2 天的恢复生长，就要及时补水，促进第二潮菇生长，喷水量约为第一潮菇的 80%，之后停水待小菇至大拇指大时再喷水，喷水量要以出菇量为基数进行计算。随着潮次的增加，喷水量要逐步减少。

（3）二氧化碳浓度控制

在双孢蘑菇生长发育过程中，菇房二氧化碳浓度要求不同。在菌丝爬土阶段，每天早晚应打开新风系统进行通风换气 10~15 分钟，菇房内二氧化碳浓度控制 0.2%~0.4%。如果通风，二氧化碳浓度超过 0.6%，就会造成菌丝营养生长过盛，影响原基的形成。在原基形成阶段，随着出菇房内温度下降，菇房内二氧化碳浓度也要逐渐同步下降，降温第 1 天，二氧化碳浓度控制 0.2%~0.3%；降温第 2 天，二氧化碳浓度控制 0.2% 以内；降温第 3 天，二氧化碳浓度控制 0.15%~0.2%；降温第 4 天，二氧化碳浓度控制 0.15% 以内；降温第 5~6 天，二氧化碳浓度控制 0.08%~0.15%。在子实体生长阶段，二氧化碳浓度控制 0.1% 以下。如果菇房通气不足，二氧化碳浓度超过 0.2%，会对双孢蘑菇的发育造成不利影响，如幼菇发育不良、朵小、菇轻、柄长、易开伞、形成葱头形畸形菇等。

（七）采收

双孢蘑菇的菌盖生长至 4~5 厘米、菌幕尚未破裂时，应及时采收。采菇时要轻轻捏住菌盖，用手指搓转着采摘。第一潮菇容易产生丛生菇，需要在采菇的同时把菇根挖除，否则易发生病虫害。

双孢蘑菇采收期有 3 天，第 1 天采大菇，第 2 天采大部分菇，第 3 天采剩下的所有菇。采完一潮蘑菇，要把菇床清理干净，残余的菇脚和大团的线状菌丝用刀尖去除，染病的或者死掉的蘑菇都要及时清理。清理菇床及采菇产生的洞坑，要用新的覆土填平，以利于下一潮菇的生长。

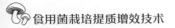

（八）病虫害综合防控

在双孢蘑菇栽培过程中，常发生绿霉、疣孢霉、金孢霉等病害，以及菇蚊、菇蝇和螨虫等虫害，特别是虫害，会在不同菇房（棚）之间移动，并携带其他杂菌孢子，破坏性极强。

病虫害的防治主要遵循以防为主、综合治理的原则，重点抓好菇房消毒、培养料发酵、覆土材料处理和科学管理。一要抓好菇场环境卫生关，新建菇房或旧有菇房、覆土材料都必须经过严格的消毒，可采用国家允许在食用菌生产上使用的杀虫杀菌剂喷洒或熏蒸消毒。工厂化菇房也可采用蒸汽消毒。同时，及时清除菇根、死菇和废弃料，减少病虫源。二要严把原料质量关，选择新鲜、无霉变、无虫、无螨、无酸臭味的原辅材料，把好原料堆制一次、二次发酵关，使培养料中的大分子物质充分转化成双孢蘑菇易吸收的营养成分。三要做好科学管理关，在菌丝生长、子实体发育过程中要根据品种特性创造适合的温、湿、光、气等环境因子，尤其是工厂化栽培，力求做到精准调控。四要把好病虫防控关。发现绿霉、疣孢霉、金孢霉等病菌时，采取通风降湿、覆盖石灰、切料阻断等办法，控制污染扩散。福建漳州产区采用咪鲜胺锰盐拌入覆土可有效地防治疣孢霉，药效期近 2 个月，对双孢蘑菇菌丝没有抑制作用，对出菇也没有不利影响。发现菇蚊、菇蝇等虫害，菇房（棚）均需安装防虫网等设施进行阻隔，并配备黑光灯、频振式杀虫灯或黄板等设施进行诱杀。季节性栽培出菇后期菇蚊、菇蝇较严重，可在转潮期间喷洒 700~1000 倍 BT 乳剂进行防治，药效期约 35 天。

（撰稿：柯斌榕　陈国平　施乐乐　柯丽娜　卢政辉　肖淑霞　林建佳

廖剑华　黄志龙）

二、海鲜菇

海鲜菇（图2-1）属于真姬菇品系中的一种，其子实体整体颜色呈白色，与"白玉菇"（图2-2）相近，菌柄较粗长，外形美观、质地脆嫩、味道鲜美独特。其子实体的营养组成多样且全面，富含粗纤维、粗蛋白等成分，且粗脂肪含量较低；含多种氨基酸，其中包含8种必需氨基酸，赖氨酸、精氨酸含量较高，含维生素C、多糖等丰富的生物活性物质，是一种低热量、高营养的健康食品。

海鲜菇子实体多为丛生，菌盖多呈半球形，表面有龟裂纹，菌盖边缘内卷或微下弯，菌肉呈白色，质韧而脆；菌褶较密，白色至黄白色；菌柄多为中生，呈圆柱形，成品菇长8~14厘米，直径1~2厘米，中实，老熟时内部松软。担孢子呈球形，无色透明，孢子印呈白色。在培养条件不适宜时会在气生菌丝末端产生白色分生孢子。

图 2-1　海鲜菇

图 2-2　白玉菇

海鲜菇具有丰富的营养价值。近年来，随着现代药理学的发展，海鲜菇的生物学活性被逐步揭示，其子实体含有多种生物活性物质，如核糖体抑制蛋白、多糖、麦角甾醇等。研究表明，海鲜菇子实体提取物具有降血压、增强免疫力等活性，且其提取物富含多酚、黄酮等天然抗氧化剂成分，可以发挥清除自由基的功效。

海鲜菇系全国各地食用菌工厂化栽培的主栽品种之一，福建作为全国海鲜菇主产区，其年产量约占全国总产量的50%。为推进福建海鲜菇产业高质量发展，福建省现代农业食用菌产业技术体系针对海鲜菇生产上存在的问题进行技术研发，创制一批海鲜菇提质增效生产新工艺、新技术，建立海鲜菇菌种质量判断体系及高效栽培关键技术，推进传统"经验化"栽培向"数据化"栽培转变，提高其产量与品质，提升生产企业的经济效益。

（一）生活条件

海鲜菇的营养需求与外部环境、海鲜菇的生长发育有着密切的关系，海鲜菇作为异养生物，需要从营养料中获取营养素来满足自身需求，同时也受到外部环境的影响。

1. 营养需求

营养作为海鲜菇生长发育过程中的物质基础，在其生长过程中，需要根据海鲜菇对各类营养的需求，适当调节培养料中物质的配比。海鲜菇属于木腐菌，自然条件下对木质纤维素有较强的分解能力，主要存活于山毛榉及其他阔叶树的枯木、风倒木和树桩上。人工栽培时，人们广泛利用农林产品的下脚料作为其栽培基质，如棉籽壳、木屑、麸皮、玉米芯等。生长过程中，海鲜菇会分泌大量的胞外基质降解酶，将培养料中的蛋白质、淀粉、纤维素、木质素等大分子物质分解成可以吸收利用的小分子物质。同时，添加适量的维生素及钙、磷等矿物元素有利于海鲜菇生长。

（1）棉籽壳

棉籽壳是棉籽经过剥壳机处理后得到的农副产品，颗粒大小适中，透气性较好，因其壳表面附着短毛绒，具有良好的保水性能。目前，棉籽壳是海鲜菇栽培中使用最为广泛的材料之一。棉籽壳按颗粒大小可分为大壳、中壳、小壳，按含绒量多少可分为大绒壳、中绒壳、小绒壳。海鲜菇栽培过程中一般选用中壳中绒或者中壳长绒，一般在挑选棉籽壳时，要选择新鲜、干燥，颗粒松散，无霉烂，无结团，无异味，无螨虫，手握有棉绒软感、不扎手为宜。

（2）木屑

木屑作为海鲜菇培养料中的主要碳源之一，山毛榉、抱栎等阔叶树木屑，杨木屑和果树木屑，以及松、杉木屑均可用来栽培海鲜菇，可根据企业所处地区树种情况选择合适的木屑种类。由于海鲜菇栽培周期较长，木屑宜选择 3~6 毫米的粗木屑，以满足培养后期营养供给。木屑经堆积发酵处理后才能用于生产，发酵时间一般在 6 个月以上。木屑堆积发酵过程中，应注意需定期翻堆和淋水，以尽量保证料堆发酵程度的一致性，有效去除木屑中的树脂及多酚类物质等不利于海鲜菇生长的成分。

（3）麸皮

麸皮是小麦加工成面粉过筛后留下的种皮，既是优质氮源，又是碳源和维生素源，是海鲜菇生产重要原料。要注意选择新鲜麸皮，无杂质、无异味，含水量 14% 以下。由于麸皮吸水易膨胀，会使培养基中颗粒黏结，确定其添加量时，应考虑其配方透气性的影响。在挑选麸皮时，可采用水浮力实验对其质量进行初步鉴定（图 2-3），取 50 克麸皮置于 500 毫升的量筒内浸泡，用木棒搅拌。可见麸皮与谷糠、泥沙等杂质分层，其中，漂浮在上层的为谷糠等杂物，中下层为麸皮，底层为杂质。

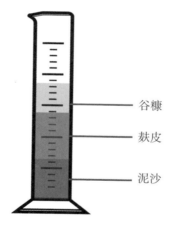

谷糠

麸皮

泥沙

图 2-3　水浮力实验

（4）玉米芯

玉米芯是玉米穗脱去籽粒后的穗轴，含糖量高，营养丰富，因其属于海绵组织结构，通气性较优，储水能力较好，也是海鲜菇生产的重要原料。由于玉米芯组织结构紧密，不易吸水，使用前需用1%石灰水浸泡预湿4小时，夏季气温较高时，应注意控制预湿时间，以防预湿时间过长引发玉米芯酸败。

（5）玉米粉

玉米粉是玉米籽粒经过粉碎机粉碎后的产物，富含蛋白质、淀粉、维生素及矿物质等，尤其是其维生素B_1含量高于其他谷物，可以有效促进食用菌菌丝生长。玉米粉应挑选浅黄色，无霉变，无异味，含水量14%以下。玉米粉易受潮霉变，应注意妥善储存；或者选择质量较优的玉米籽粒进行粉碎加工使用，加工时玉米粉不宜太细。

（6）豆秆屑

豆秆屑是经粉碎成适当颗粒大小的大豆秸秆。豆秆屑富含纤维素、半纤维素等，且蛋白质含量较高，可作为海鲜菇栽培原料。使用时，要注意选择新鲜无霉变的。

（7）豆粕

豆粕是大豆经过榨油后得到的一种副产品，是海鲜菇栽培常用氮源。豆粕一般呈不规则碎片状，颜色呈浅黄色至浅褐色，具有烤大豆的香味。在栽培海鲜菇添加豆粕时，应注意根据配方情况调整豆粕添加量，以防碳氮比失衡。豆粕的选择标准遵循"一看、二闻、三试"。一看，看其包装是否规范，是否为正规厂家生产；二闻，闻豆粕是否具有大豆烘烤后的特有香味；三试，通过漂浮法进行试验，验证是否有掺假。

在判断豆粕质量好坏时常采用漂浮法，即取少量豆粕，将其放入适当容器中，加水后摇匀，静置5~10分钟，看水上漂浮的除豆皮和少量的豆秸外，是否存在其他异物。

（8）无机盐

无机盐在生物的生长发育过程中发挥着重要作用，在海鲜菇的栽培过程中，需要添加适量的无机盐，能起到稳定渗透压和调节pH等功能。目前海鲜菇栽培过程中常用的无机盐种类如下。

①石膏：生产上使用的石膏为二水合硫酸钙，既可为海鲜菇提供生长必需的钙、硫等营养，同时还可以促进原材料中的有机质分解，促使可溶性磷、钾迅速释放。

②轻质碳酸钙：轻质碳酸钙是通过化学加工的方法制得的，国内常用的生产方法为碳化法，即将石灰石等原材料煅烧生成石灰（主要成分为氧化钙和二氧化碳），随后在石灰中加入水生成石灰乳（主要成分为氢氧化钙），通入二氧化碳，

碳化石灰乳生成碳酸钙沉淀，最后经脱水、干燥和粉碎而制得。轻质碳酸钙一般为白色粉末，其作用与石膏类似，可以中和海鲜菇生长过程中产生的酸性物质，提高培养基的缓冲能力。

③石灰：海鲜菇栽培过程常用的石灰为生石灰，即氧化钙，在拌料时加入，与少量水反应后生成熟石灰，即氢氧化钙。石灰的添加在补充钙元素的同时，可以显著提高培养料的酸碱度。

2. 环境条件

海鲜菇生长过程中，环境中温度、湿度、空气（氧气、二氧化碳浓度）、光照及酸碱度等因素对于其生长起着至关重要的影响。因此，在海鲜菇生长过程中，要根据其所处的生长发育阶段特性，合理调节环境中光、温、水、气等因素间的平衡，满足其生长要求，进而达到稳产高产的目的。

（1）温度

温度是影响海鲜菇生长发育的重要因子，不同品种其温度的适应范围不同。通常，菌丝培养阶段，其生长温度在15~30℃之间都可以生长，最适菌丝生长的温度在23~26℃之间，温度超过35℃或低于4℃，不利于其菌丝生长，温度高于40℃时菌丝裂解死亡。在库房温度的管理期间，尤其要注意外部设备显示温度（图2-4）与包心温度的一致性，在库房内部不同位置及培养室放置温度计（图2-5），考察设置温度与库房实际温度差异，有效控制菌包中心温度，以防因局部温度过高而引发包内菌丝自溶的"烧包"现象。

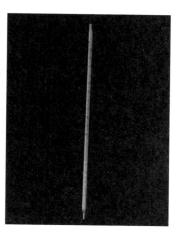

图 2-4　库房温度控制装置　　　　图 2-5　温度计

菌包（瓶）中菌丝生理成熟后，海鲜菇进入子实体分化阶段。海鲜菇作为一种变温结实菌类，温差刺激有利于子实体的快速分化，促进其原基形成。其出菇阶段最适温度在13~18℃之间，在此范围内，子实体肉质肥厚，产量高，不易开伞；出菇温度过高会导致海鲜菇菌柄增高过快，易空心，菌盖易开伞，影响出菇产量和品质；而低温则会抑制子实体生长，虽肉质肥厚但产量较低，且长时间的低温会使菌盖产生畸形。

（2）含水量和空气相对湿度

水是海鲜菇生命活动的首要前提。海鲜菇对于水分的需求来自栽培原料中的游离水和培养环境中的水分。栽培原料和培养环境中水分的变化，不仅影响菌丝体的生长量、菌包（瓶）中菌丝酶活的高低及生理成熟的快慢，而且影响着海鲜菇原基的分化、子实体的形成及菇的外观、品质。

袋栽海鲜菇的培养料含水量一般以60%~65%为宜，瓶栽海鲜菇的培养料含水量以68%~70%为宜。培养料含水量可以通过水分测定仪检测（图2-6）。含水量过高会影响菌包（瓶）透气性，进而影响其菌丝生长速度；含水量过低，也会影响菌丝对基质的利用，进而影响产量，还可能因培养料含水量低造成原料预湿不充分，导致灭菌不彻底，污染率高。

海鲜菇菌丝培养期间，其培养室空气相对湿度宜保持在75%左右，若空气相对湿度过低，会导致水分蒸腾过快而影响产量。子实体形成阶段，菇房空气相对湿度应控制在85%~95%之间。

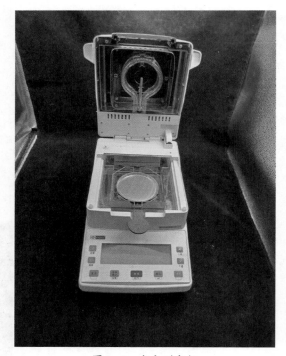

图2-6　水分测定仪

（3）空气（氧气）

呼吸作用是生物体维持正常生命活动不可或缺的生理过程。海鲜菇是一种好气性菌类，在菌丝及子实体生长阶段均需要充足的氧气。这就要求在进行海鲜菇制包生产时，注意培养料粗细搭配，保证培养基具有良好的孔隙度，为菌丝生长提供良好的生长环境。新鲜、充足的氧气会加快菌丝生长速度，缩短发菌时间，菌丝浓密，生长旺盛；反之则会抑制菌丝生长。子实体生长过程中也需要适度的氧气，但其需氧量在不同时期也会有所差别，在出菇阶段，要注意控制库房通气量，可使用手持式二氧化碳测定仪监测库房中二氧化碳浓度变化情况（图2-7）。一般在原基（菇蕾）形成阶段，应适当增加通风，出菇后期应适当提高二氧化碳浓度，降低氧气浓度，以保证出芽整齐、控制菇盖生长、拉长菇柄的效果。

图 2-7　手持式二氧化碳测定仪

（4）光照

在海鲜菇发育过程中，光照也是一个不容忽视的关键因素之一。海鲜菇菌丝体生长即菌丝培养阶段无需光照，而进入出菇环节后，需要适当的光线促进子实体形成。不同出菇阶段对于光照、光强的需求有所不同。生产上通常采用LED节能灯带作为光源（图2-8）。菇蕾形成阶段，需要适量散射光刺激诱导子实体分化，完全的黑暗培养会抑制菇盖分化导致畸形菇的产生。由于海鲜菇子实体的趋光性，

图 2-8　LED 光源

子实体生长阶段适当的光照有利于菌盖形成、菌柄伸长，有利于其朵形控制。

（5）酸碱度

培养料 pH 与菌丝生长速度和产量有密切关联。试验表明，培养料 pH 对子实体菌盖厚度有显著影响，从而决定其商品性状。海鲜菇菌丝生长适宜 pH 值为 6.5~7.5。培养料经灭菌后 pH 值会有所下降，故配料时 pH 值应适当调高，配料时培养料 pH 值控制 8.5 左右。培养料 pH 值可采用 pH 计或 pH 试纸进行测定（图 2-9、图 2-10）。夏季制袋（瓶）时，拌料到灭菌不宜超过 4 小时，以防因温度过高造成培养料泛酸而导致 pH 值大幅下降。

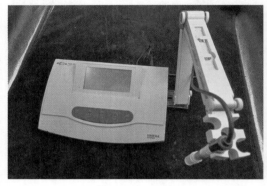

图 2-9　pH 计　　　　　　　　　　　　图 2-10　pH 试纸

（二）菌种质量控制

海鲜菇菌种质量与产量、质量有密切关联。福建省现代农业食用菌产业技术体系通过开展海鲜菇菌种连续传代平板、菌种生产性能研究（图 2-11），明确海

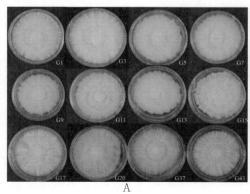
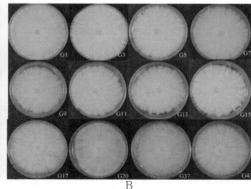

图 2-11　不同代数海鲜菇菌种活化培养情况（A 为正面，B 为背面）

鲜菇生产用种代数，完善集成海鲜菇制种及菌种质量的快速检测方法和判断体系，有效地解决工厂化生产海鲜菇菌种维护成本高、工作量大、担风险等问题，为海鲜菇企业高产稳产提供技术支撑。

1. 菌种分类

食用菌菌种是指通过采用特定的培养基质，培养的供繁殖或栽培用的食用菌菌丝体。其特性受到纯培养的菌丝体和培养基种类影响。根据菌种来源、繁殖代数与生产目的，可以将海鲜菇菌种分为母种、原种、栽培种；根据培养基基质的形态，分为固体菌种、液体菌种。

2. 母种生产

母种是菌丝体的纯培养物及其继代培养物，又称一级种、试管种（图2-12）。

（1）培养基配方

① 马铃薯葡萄糖琼脂培养基（PDA培养基）：马铃薯（去皮）200克、葡萄糖20克、琼脂20克、水1000毫升，pH自然。

② 马铃薯葡萄糖琼脂培养基（加富）：马铃薯（去皮）200克、葡萄糖20克、蛋白胨3克、酵母提取粉3克、硫酸镁1.5克、磷酸二氢钾1.5克、维生素B_1 0.1克、琼脂20克、水1000毫升，pH自然。

（2）母种制备

母种一般分为种源母种与生产母种，海鲜菇生产的种源母种应从具备母种（一级种）生产经营许可资质的单位引进，由种源母种扩繁为生产母种，扩繁代数以不超过4代为宜，母种培养应在培养箱中进行（图2-13），确保培养条件恒定可控。

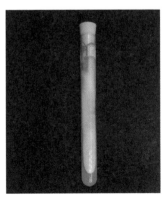

图2-12　母种　　　　　　图2-13　培养箱

（3）质量标准

菌种质量是关系到产量与质量的关键因素。在获得母种后，首先应按表2-1、表2-2的要求进行感官和生物学评价，判断是否具备优质母种的条件。

表 2-1　母种感官要求

检验内容	要求
容器	洁净、透明、无损
棉塞或硅胶塞	干燥、洁净，松紧适度，能满足透气和滤菌要求
培养基斜面长度	顶端距棉塞或硅胶塞40毫米左右
接种块大小	5毫米左右
菌种外观	菌丝生长浓密、洁白，菌落边缘整齐，无角变发黄情况
菌丝生长速度	23±2℃避光培养12~15天，长满试管
孢子	无弹射孢子
杂菌及害虫	无杂菌、螨虫
斜面背面外观	培养基不干缩，颜色均匀、无暗斑
气味	有海鲜菇菌种特有的香味，无酸、臭、霉等异味

表 2-2　母种生物学要求

检验内容	要求
菌丝直径	≥1.5微米
锁状联合	10倍目镜，40倍物镜下，每个视野锁状联合数量>10个
漆酶活力	≥3.5IU

关于菌种质量除上述指标外，还应通过摇瓶检测法，测试其菌种纯度及是否有杂菌污染，并通过中试试验，验证其生产性能，切不可直接将引进的母种直接用于生产。关于菌种纯度检测及中试试验步骤如下。

首先，配置LB液体培养基（蛋白胨10克、酵母粉5克、氯化钠5克、水1000毫升），分装至250毫升三角瓶中（装液量100毫升），121℃灭菌20分钟后备用。在无菌操作要求下，将母种试管取1厘米^{2}左右菌块接入LB液体培养基，置于摇床中30℃，转速150转/分培养48小时，观察是否出现混浊现象。若出现混浊，则证明有隐形污染，不能使用；如未混浊，则可将其进行母种扩繁，并进行多批次小规模的生产试验，确定该新品种性状稳定、产量质量较优，则再进行大规模生产。

3. 固体菌种生产

（1）原种生产

将母种扩大繁殖后，即可获得原种，用于栽培种的制作，或直接用于栽培袋接种。固体原种是指将母种转接至棉籽壳、玉米芯、木屑等固体基质混合培养基上进行培养而成。

① 培养基配方：棉籽壳 50%、木屑 30%、麸皮 17%、石灰 3%，含水量为 60%~65%，pH 8.5~9.0。

② 固体原种制备：主要技术步骤如下。

装袋灭菌：将各组分原料按配方比例，通过搅拌机搅拌，使物料混合均匀后，装至 14 厘米（对折径）×28 厘米的聚乙烯栽培袋中，灭菌。

接种：在超净工作台内，将母种用接种针切成 0.5 厘米左右小块，接种至原种培养基中，一般一根试管接种 3~5 袋原种。

培养：将接种好的原种放置于菌种间内培养，24±2℃避光培养 40~50 天，其间定期巡查，及时挑出杂菌污染菌袋，隔离污染源。

③ 质量标准：固体原种质量标准可参考表 2-3。

表 2-3　固体原种质量要求

检验内容	要求
容器	完整、无损
棉塞或塑料盖	干燥、洁净，松紧适度，能满足透气和滤菌要求
菌种外观	白色、浓密，有绒毛状气生菌丝，无拮抗线、无黄色液滴，紧贴袋壁，无干缩
菌丝生长速度	24±2℃培养 40~50 天，长满菌袋
杂菌及害虫	无杂菌、螨虫
气味	有海鲜菇菌种特有的香味，无酸、臭、霉、甜等异味

（2）栽培种生产

将原种接种至相同或相似栽培基质，经扩大培养后而成为栽培种。由于栽培种使用量大、不易保存，在栽培种制作时，应根据生产计划安排制种时间与数量。枝条菌种是目前广泛应用的固体菌种，由杨木等软质树种加工成枝条，菌丝长入枝条后作为菌种，具有接种速度快、菌龄一致性较高、成本低等特点。

①培养基：棉籽壳55%、木屑10%、麸皮15%、玉米粉5%、玉米芯8%、豆粕4%、石灰3%，含水量为60%~65%，pH 8.5~9.0。

②固体栽培种制备：主要技术步骤如下。

原料预处理：选用长16厘米、宽0.5厘米、厚0.2厘米左右的杨木等软质木材加工成枝，用1%石灰水浸泡24小时，折断后内部无"白心"，捞起后洒上麸皮、石灰混合料（麸皮99.5%，石灰0.5%），翻堆均匀，以45根左右为一捆。

装袋：使用17厘米（对折径）×35厘米的菌袋，菌袋底部铺2厘米厚辅料，将枝条种放入，用辅料填充枝条捆四周并覆盖料面，套环并在中央插入打孔棒，以便接入原种，一般一袋原种接种30~40袋栽培种。

培养：将接种好的原种放置与菌种间内培养，24±2℃避光培养45~50天。

③质量标准：固体栽培种的质量要求如表2-4所示。

表2-4　固体栽培种质量要求

检验内容	要求
容器	完整、无损
棉塞或塑料盖	干燥、洁净，松紧适度，能满足透气和滤菌要求
菌种外观	白色、浓密，有绒毛状气生菌丝，无拮抗线、无黄色液滴，紧贴袋壁，无干缩
菌丝生长速度	24±2℃培养45~50天，长满菌袋
杂菌及害虫	无杂菌、螨虫
气味	有海鲜菇菌种特有的香味，无酸、臭、霉、甜等异味

4. 液体菌种生产

液体菌种是指通过液体培养技术而得到的纯培养的菌丝体，在液体培养基中呈絮状或球状。液体菌种与固体菌种相比有生产周期短、占地面积小、成本低、便于观察和污染控制、一致性好等优点，在工厂化生产中具有明显优势。由于液体菌种一次性投入较大、技术要求高等特点故尚未广泛应用，但液体菌种的应用将是今后海鲜菇工厂化生产趋势。

（1）摇瓶菌种生产

摇瓶菌种由试管母种或培养皿母种直接转接到液体三角瓶培养基中培养而来。摇瓶菌种的好坏直接关系到液体菌种制种质量。海鲜菇液体摇瓶菌种的生产工艺流程如下。

① 培养基配方：葡萄糖 20 克、黄豆粉 5 克、玉米粉 5 克、蛋白胨 5 克、七水硫酸镁 0.75 克、磷酸二氢钾 0.75 克、水 1000 毫升，pH 自然。

② 摇瓶菌种制备：主要技术步骤如下。

培养基制备：将三角瓶洗净后，按配方比例称取各物料，装入 1000 毫升三角瓶中，装液量为 400~600 毫升，装液量不宜过多，过多易导致污染。放入磁力转子将三角瓶置于磁力搅拌器上，搅拌 5 分钟至物料完全溶解。

灭菌冷却：将瓶口用纱布、棉塞或硅胶塞密封瓶口，用牛皮纸或报纸扎口，将摇瓶放入高压灭菌锅中，121℃下灭菌 20 分钟。待培养基冷却至 25℃后，在超净工作台中，依照无菌操作规程进行接摇瓶种。

接种：去除试管中老菌块，然后切成 0.5 厘米 ×0.5 厘米左右大小接种块，每个克氏瓶母种接 2~3 个三角瓶。

培养：接种后，将三角瓶放入摇床振荡培养，转速 120~140 转 / 分钟，培养温度 22~26℃，培养时间 6~7 天，得到摇瓶菌种。

③ 质量标准：摇瓶静止时，菌球大小均匀，颗粒分明，菌球周边菌丝明显，培养液清澈。若摇瓶生长期间气味恶臭、培养液混浊、菌球形态异常，则需淘汰不能用于下一步生产使用。液体原种质量标准可参考表 2-5。

表 2-5　摇瓶菌种质量要求

检验内容	要求
容器	洁净、透明、无损
硅胶塞或封口膜	干燥、洁净，松紧适度，能满足透气和滤菌要求
装液量	容器的 40%~60%
菌种外观	菌丝体白色；滤液清澈透亮；菌球大小 2~6 毫米，分布均匀

检验内容	要求
菌丝生长速度	24±2℃培养，转速 120~140 转／分，培养 6~7 天
杂菌及害虫	无杂菌、螨虫
气味	有海鲜菇菌种特有的香味，无酸、臭、霉、甜等异味

（2）发酵罐菌种制备

目前，常用的液体栽培种制备主要采用液体发酵罐。海鲜菇液体菌种制种常用的发酵罐为气升式发酵罐（图 2-14）。该设备投资少、操作易，不易染菌、溶氧率高、机械剪切力对菌丝的伤害较小，一般通过将蒸汽压入罐内即可对培养基进行灭菌。下面简单介绍气升式发酵罐的菌种制备工艺。

图 2-14　气升式发酵罐

① 培养基配方：葡萄糖 20 克、黄豆粉 5 克、玉米粉 5 克、蛋白胨 5 克、七水硫酸镁 0.75 克、磷酸二氢钾 0.75 克、水 1000 毫升，pH 自然。

② 发酵罐菌种制备：主要技术步骤如下。

发酵罐的清洗及检查：在每次生产周期结束后及下个生产周期开始前，应对发酵罐进行严格清洗，保证罐体内部无杂质残留，至排出清水清澈无杂质，并检查接种阀、接种口、放气阀是否通畅，压力表、安全阀是否正常等。如存在更换菌种、污染等特殊情况时，还应对发酵罐进行空消和煮罐。

投料：按照液体培养基配方称取原料，倒入发酵罐，一般装液量为70%~80%，液面高度稍高于观察镜为宜，关好关口及各管口阀门，检查是否漏液漏气。

灭菌冷却：打开电源加热，当压力达到 0.12~0.15 兆帕，调节蒸汽发生器，使温度保持为 121℃，维持 30~60 分钟。灭菌完毕后，利用循环冷却水尽快使发酵液温度降至 25~28℃以下，注意降温时将发酵罐维持正压。

接种：用 75% 酒精对摇瓶瓶口、发酵罐接种口消毒，待发酵罐压力为 0，点燃棉花火圈套在接种口上，随后打开接种口，快速将摇瓶菌种注入发酵罐中，接种量为培养基投料量的 0.05%~0.1%，随后快速关闭进料口，调节气控阀，使发酵罐维持正压。

培养：通气后调节进气阀，使罐内压力稳定在 0.02~0.04 兆帕，随着培养时间延长，适当增加通气量，培养温度保持在 24±2℃。

③ 培养过程中的观察：在海鲜菇发酵罐菌种的制备过程中，要注意菌液颜色、气味、二氧化碳浓度及菌丝形态的变化，定期检测相关数据并做好记录，如发现菌液颜色异常、混浊，菌液气味气味恶臭，二氧化碳浓度突然升高或显微观察菌丝形态异常等情况，则菌液有可能被污染。

④ 菌龄控制：不同菌龄的液体菌种对栽培袋菌丝生长和产量影响显著。试验表明：接种菌龄 114~196 小时栽培种，栽培袋菌丝活力强、长势好，海鲜菇产量高；低于 114 小时菌丝前期长势弱，高于 196 小时菌丝活力下降，接种菌龄 268 小时、292 小时栽培种，栽培袋菌丝活力较弱，产量低。

⑤ 质量标准：海鲜菇发酵罐菌种制备质量要求如表 2-6 所示。

表 2-6　液体栽培种质量要求

检验内容	要求
菌种外观	菌丝体白色；滤液清澈透亮；菌球大小 2~6 毫米，分布均匀
气味	有海鲜菇菌种特有的香味，无酸、臭、霉、甜等异味
生物量	菌球干重 ≥ 0.43 克 /100 毫升
沉降率	培养好的液体菌种取样后放置 10 分钟，菌球沉降 90% 以上
菌丝生长速度	23±2℃培养，适当通气，培养 6~7 天
杂菌及害虫	无杂菌、螨虫
显微观察	菌丝粗壮、丰满、均匀，具有锁状联合

（三）厂房建设与设施设备

1. 选址布局与厂房建设

（1）选址

海鲜菇工厂的选址应遵守国家法律、法规，并符合国家和地区的规划布局，因地制宜、节约用地。应选择交通便利、通风良好、近水源、水电充足、水质卫生、排水良好、环境干净、远离污染源进行建厂。同时，还要从原料供应、招工情况、投资经济效益等方面进行综合评估。

（2）布局

工厂建设应根据生产规模、生产流程的不同功能区进行合理布局，确保厂区人流、物流便捷高效。整体布局多呈"田"字形、"井"字形或"回"字形，使厂区空气流通顺畅。出菇房为工厂的核心区，朝向很重要，长江以南地区通常考虑通风为主，菇房朝向多为南偏东。室外原料堆场应设置下风口位置，避免原料粉尘弥漫厂区。

（3）厂房建设

应根据生产规模、不同功能区要求建设相配套的厂房。仓库、拌料、装袋（瓶）、灭菌、废菌料处理等生产车间，应具有坚固、防雨、遮阳、挡风、防火等性能，接种、培养与出菇等核心车间还应增加保温和隔热等性能。

①接种区要求：应配备温控、空气净化、消毒和传递等设备设施，缓冲间、冷却间、待接种室与接种室室内净化等级要求分别达到万级、千级、千级、千级（局部百级）。

②培养室要求：应配备温控设备、空气交换设施、空气循环系统及人员工作照明设施，培养室内应有足够的新风量，培养过程中二氧化碳浓度以低于0.35%为宜。

袋式栽培培养室高度4.5~5.0米，层架式培养以10~12层为宜，层距25~30厘米，顶部应留足够空间便于室内空气循环；瓶式栽培培养室高度5.5~6.0米，室内应留有4米通道便于叉车运行操作，堆叠式培养以两层（每层高度7~9瓶）为宜。

③出菇房要求：应配备温控、加湿、通风、空气循环和光照等设备。其高度

4.5~5.0 米，室内出菇架以 6~7 层为宜，层距 50~55 厘米。

2. 设施与设备

（1）地坪选择

地坪是海鲜菇工厂重要的设施，通常使用的地面有水泥地坪、金刚砂耐磨地坪、环氧自流平地坪、水磨石地坪、钢化地坪等，具体参数如表 2-7 所示。

表 2-7　不同地坪产品性能对比

	产品	环氧地坪	耐磨地坪	水磨石	PVC 地板	钢化地坪
产品性能指标	防尘效果	无尘	减少灰尘	减少灰尘	无尘	无尘
	耐磨性	2~3	4~6	3~3	2~1	6 以上
	莫氏硬度	2~3	7~8	4~5	2~8	7 以上
	抗老化	3~5 年	10 年以上	5~8 年	2~3 年	20 年以上
	每平方米造价/元	60~400	15~45	40~300	120~300	25~40
	基本要求	要做防水层	只能用在新地面	无要求	要做防水层	新旧地面都可用
	易损程度	易起壳，易留划痕，越来越旧	有脱壳现象，维修麻烦易留黑色划痕	灰尘越用越多，重物碾压易破损	易剥落，易磨损	难磨损，不起壳，使用时间越长越光亮
	使用寿命	2~5 年	与建筑物同周期	3~5 年更换	2~3 年更换	与建筑物同周期
	应用范围	高清洁度房间	对表面硬度和耐冲击要求高的房间	学校、轻工业厂房等	地铁、火车、医院等	工业厂房、大卖场、仓储物流中心、车库

从洁净区要求上来讲，环氧自流平地坪无疑是最好的，但是其造价高昂、易损坏、难修补，如果使用中产生破损点，遇水后就会从破损点开始起泡脱落，若不及时修复最终将全部报废；PVC 地坪比较易剥落、磨损，不建议使用；水磨石地坪在重物碾压下也易于破损，不建议使用；钢化地坪是最近几年刚兴起的一种地坪，原理是通过设备研磨将混凝土的毛细孔打开，再喷洒密封硬化剂，通过硬化剂材料与混凝土中的硅酸盐发生化学反应，增加地面的硬度、密实度，从

而达到不起沙、光亮等特点，莫氏硬度可达到 7 以上，是目前造价最低、最耐用的地坪。

（2）保温材料选择

保温厂房包含实验室、发酵罐冷却室、发酵罐接种室、预冷室、冷却室、接种室、培养室、出菇房等功能区，这些功能区的房间与房间之间的墙体一般会采用夹芯板。符合消防要求的夹芯板见表 2-8 四种类型，不同类型性能指标不一样，可根据需求进行选配。

表 2-8　不同保温材料性能对比

	产品	聚氨酯夹心板	不老泡夹心板（PROPOR）	岩棉夹心板	玻璃丝棉夹心板
产品性能指标	导热系数 / 瓦·米$^{-1}$·度$^{-1}$	0.022	0.041	0.046	0.058
	阻燃性能	B1 级	A 级	A 级	A 级
	容重 / 千克·米$^{-3}$	40	30	120	64
	抗压强度 / 千帕	> 220	> 100	较易变形	易变形
	吸水率 /%	<4	<4	易吸水	易吸水
	尺寸稳定系数 /%	<0.5	< 3	密度较大，尺寸不稳定	强度较差，尺寸不稳定

（3）设备选型

设备选型时，应充分了解相关设备的用途、工作原理、工作效率及生产稳定性等情况，并结合工厂产能及预算情况，选择生产效率高、稳定性好的设备，组成一条高效合理的海鲜菇生产线。

① 装袋（瓶）设备：海鲜菇生产模式分为袋栽和瓶栽两种模式，需配备相应的装袋（瓶）设备。原先袋栽企业配备半自动装袋生产线（图 2-15），这种生产线需要人工进行套袋、打孔、套环等工序，效率较低，人工成本较高，适用于生产规模小的企业。近年来，新建海鲜菇袋栽企业大都采用全自动装袋生产线（图 2-16），该生产线可实现打包全自动化生产，并完成自动上架，制包量 1200 袋 / 时以上，极大地提高了装袋效率和稳定性。瓶栽企业采用全自动装瓶生产线（图 2-17）。

图 2-15　半自动装袋生产线

图 2-16　全自动装袋生产线

图 2-17　全自动装瓶生产线

② 灭菌器：灭菌即通过用理化方法杀灭全部微生物的过程，为提高灭菌效果，目前海鲜菇采用的灭菌器多为脉动真空高压蒸汽灭菌器（图 2-18），即在灭菌过程中，通过抽真空强制排除灭菌中的冷空气，并进行阶段式升温。因灭菌过程中所需蒸汽量较大，一般需外接蒸汽锅炉或统一供气管，提供连续蒸汽。一般在进行设备选型时，要注意锅炉或供气与灭菌蒸汽需求量的匹配。

图 2-18　高压灭菌器

③ 制冷系统：目前食用菌工厂化企业采用的制冷系统一般为分体式制冷机和中央空调制冷，海鲜菇食用菌工厂化企业以分体式制冷机为主，即在工厂中每一个培养室或者出菇房内部配备一台或多台制冷机内机（图 2-19），分体机外机则位于菇房外侧（图 2-20）。

图 2-19　分体式制冷机内机

图 2-20　分体式制冷机外机

④加湿器选型：湿度是维持食用菌正常生长的必不可少的组成部分，一般海鲜菇出菇房需配备加湿系统，食用菌工厂中主流的加湿器主要有3种：超声波加湿器、高压微雾加湿器和二流体加湿器。3种加湿器优缺点如表2-9所示。因为海鲜菇出菇过程中，对于湿度的喷雾粒径要求较小，大多数企业选择采用超声波加湿器。

表 2-9　不同保温材料性能对比

项目	二流体加湿器	超高压水流喷雾加湿器	电子式超声波震荡加湿器
产雾能力	较大	大	小
喷雾效率	高	高	低
喷雾粒径	较小	大	小
水质要求	5微米以上过滤水	5微米以上过滤水	纯水
操作水压要求	0.2~0.5兆帕	10~20兆帕	0.05兆帕以上
压缩空气	0.3~0.6兆帕	无	无
喷头（震荡）使用寿命	长	耗材	短
基本控制方式	比例式或时序控制	时序控制	时序控制
购置／安装成本（20千克／时以上）	中	高	非常高
使用／维护成本	低	中	高

⑤光照设备：海鲜菇袋栽生长过程中，由于出菇环节需光照刺激，在出菇房

需加装光照设备，以满足其在出菇阶段对于光照的需求。近年来，随着 LED 灯技术的发展，目前海鲜菇生产企业多采用 LED 灯带进行光照。

（四）海鲜菇袋式栽培

为进一步提升海鲜菇产量及稳定性，福建省现代农业食用菌产业技术体系开展不同外界因素、菌包科学管理对海鲜菇出菇影响关系的研究，集成液体菌种应用、菌丝成熟度与扩容增氧为核心的海鲜菇提质增效技术，单产突破 700 克（图 2-21），取得显著成果。在顺昌推广工厂化集中制包培养分厂出菇新模式（图 2-22），改变传统海鲜菇企业的制包培养出菇一体化方式，深受企业欢迎。

图 2-21　袋栽海鲜菇单产

图 2-22　工厂化集中制包培养企业

1. 原料选择

原料选择可参考前文关于营养条件的内容，根据工厂实际情况选择合适原料，粗细搭配进行生产。

2. 菌包制作

（1）培养基配方

不同企业根据生产品种的不同，生产配方差异较大，以下是工厂化栽培海鲜菇中常用的 3 组配方，其中配方 3 为无木屑配方，在木屑资源比较紧张的地区，可以用玉米芯替代木屑栽培海鲜菇。

配方 1：棉籽壳 50%、木屑 10%、麸皮 20%、玉米粉 5%、玉米芯 8%、豆粕 5%、轻质碳酸钙 2%。

配方 2：棉籽壳 55%、木屑 10%、麸皮 15%、玉米芯 4%、玉米粉 4%、豆粕 4%、豆杆 6%，轻质碳酸钙 2%。

配方 3：棉籽壳 49%、玉米芯 30%、麸皮 15%、玉米粉 5%、石灰 1%。

（2）原料预处理

木屑需用水淋湿，堆积发酵 6 个月以上备用，颜色由本色转变成暗褐色最后呈灰褐色，气味由氨味到清香。玉米芯使用前需用 1% 石灰水浸泡预湿 4 小时，让玉米芯内部充分吸水。

将各组分原料按配方比例，通过搅拌机搅拌，使物料混合均匀。

（3）拌料装袋

将各组分原料按配方比例，通过搅拌机搅拌，使物料混合均匀，加水搅拌 30~40 分钟，含水量控制 60%~65%，灭菌前 pH 8.5 左右。搅拌好的培养料被传送带送至装袋机的料斗，由装袋机进行装料。塑料袋规格 18.5~19.5 厘米（对折径）×35 厘米，调节打孔机，孔穴高度要达到距袋底 1~2 厘米处。装料松紧度均匀一致，套环与透气盖较紧，不易脱落。试验表明，采用 19.3 厘米（对折径）塑料袋制包比 18.5 厘米（对折径）×35 厘米的产量提高 30% 左右（同样料高、料重）；19.5 厘米（对折径）塑料袋的菌包（装料高度 18 厘米，每包湿料重为 1.5 千克），单产 750~850 克。

3. 灭菌冷却

（1）灭菌

采用高压蒸汽灭菌方法，应注意锅炉供气量与灭菌锅大小相匹配。灭菌时，要先将锅内的冷空气全部排出。当压力升到 1.5 兆帕（温度 126℃），开始计算灭菌时间，维持 200 分钟。

（2）冷却

将灭菌后的菌包移入冷却缓冲室，加大空气流通，进行自然缓慢降温（不宜在菌包温度过高时进行打冷降温，该操作会使得大量的水蒸气凝结成小水滴，导致污染率的提高）。当菌包中心温度降至 65 ℃以下时，将菌包移入强冷室冷却至 28 ℃以下开始接种。

4. 接种

接种室应提前 12 小时进行紫外灯和臭氧消毒，接种更换无菌服和无菌手套后，经过缓冲室和风淋室方可进入接种室。将冷却好的菌包移进无菌接种间。接种前菌种袋经过酒精消毒处理，接种人员穿好已消毒的白大褂，手戴无菌手套进行枝条接种（图 2-23），每袋枝条种接种 45 包左右。也可以采用接种机进行接种（图 2-24），固体菌种每瓶（包）接种为 28~30 克，液体菌种每包接种 25~30 毫升，接种要迅速。冷却室和接菌室地面每天用石灰水清洗，并用紫外灯进行消毒。

图 2-23　人工接种

图 2-24　接种机接种

5. 菌包培养

（1）上架培养

菌包进入养菌房上架前，应先用清水将培养室清扫干净，并对设施、设备进行检查，石灰水消毒，空置 48 小时后，将菌包移入培养房。

（2）培养

菌丝培养期间温度控制在 23~25℃（图 2-25），空气相对湿度 70% 以下，每天应检测库房温度、二氧化碳浓度等指标，注意仪表温度与包心温度的一致性。

海鲜菇培养期分为定植期、生长期、后熟期。菌丝定植期间，由于抗污染能力较弱，应尽量减少通风次数；生长期开始，发菌培养室温度控制 25℃，空气相对湿度 70% 以下，同时要加强通风管理，防止包内缺氧而导致菌丝生长缓慢。菌丝经 40~50 天长满栽培包。

菌包进入后熟期后，需补充大量新鲜空气，满足栽培包新陈代谢对氧气的需求。随着菌丝对栽培料的降解、能量积累，培养料整体成块，内部松软，栽培包表面含水量上升至 70%~ 72%。栽培包内的空间湿度较高，二氧化碳浓度偏高，刺激海鲜菇菌丝向上冒，气生菌丝旺盛。

图 2-25　菌丝培养

6. 成熟度判定

海鲜菇菌丝培养必须经一个生理成熟期，即后熟期，才能长出较好的菇蕾。发菌时间长短表现为菌包生理成熟度与否，菌包生理成熟度不够会导致产量低下甚至不出菇，造成产量不稳定，商品价值低；菌包的菌丝超过生理成熟，造成栽培周期长，增加了企业的生产成本。因此，进行科学合理的海鲜菇菌包成熟度判断，是保证出菇稳定的前提。海鲜菇在发菌满包前，随着培养时间的延长，菌丝的生长速度越来越快，菌丝活力越来越强。菌丝满包以后菌包由上至下逐渐变黄，上、中、下部趋于一致时，预示菌丝生理较为成熟（图 2-26），其菌包成熟度判断标准如表 2-10 所示。

图 2-26　菌袋转色过程

表 2-10　菌包成熟度判断标准

序号	菌包成熟度参数	成熟菌包判断标准
1	软化长度 / 厘米	13~16 厘米
2	转色情况	呈土黄色，上下均匀一致
3	含水量 /%	68.5%~70.5%
4	还原糖 / 毫克·升$^{-1}$	上、中、下部趋于一致，浓度为 1000 毫克 / 升左右
5	可溶性蛋白 / 毫克·升$^{-1}$	上、中、下部趋于一致，浓度为 200 毫克 / 升左右
6	pH	上、中、下部趋于一致，pH 5.7 左右
7	淀粉酶 /IU·毫升$^{-1}$	上、中下部淀粉酶活力低
8	漆酶 /IU·毫升$^{-1}$	上、中下部漆酶活力趋于一致，上部略低
9	锰过氧化物酶 /IU·毫升$^{-1}$	酶活基本稳定，上部酶活<中部<下部

　　液体菌种接种菌包，菌龄对产量有影响，试验表明，海鲜菇液体菌种工厂化栽培菌丝培养期 120 天产量最高，综合性状好；菌丝培养 95~130 天之间产量差异不显著；95~120 天，随着培养时间的延长，产量具有增产趋势；120 天后产量呈下降趋势。

7. 出菇管理

（1）开袋

当海鲜菇菌包成熟完成时，移入出菇房。打开菌包的袋口（图 2-27），袋口留 2 厘米，注意要将袋口完全打开，不要压住料面，去除菌包料面上的老菌块。

（2）上架出菇

将开好袋的栽培包按要求整齐地摆放在栽培床架上（图 2-28），库房温度控制 17~19℃。

图 2-27　开袋

（3）保湿恢复

栽培包补水，喷洒水总量在 40~50 毫升 / 包（图 2-29），库房空气相对湿度保持 85 % 左右，库房温度保持 15~19 ℃，保持 5~6 天。

图 2-28　菌包上架

图 2-29　保湿恢复

（4）催蕾

①现蕾期

温度保持 13~15℃，适当给予光照，二氧化碳浓度 0.3% 左右；料面现芽原基关闭光照，二氧化碳浓度提升至 0.5% 以上，现蕾期（图 2-30）湿度控制在 75% 左右。

②壮蕾期

壮蕾期（图 2-31）维持菇蕾长至袋口，空气相对湿度控制 80% 左右，快长至袋口时菇帽表面有一层细密的水珠，壮蕾期空气相对湿度提高至 75%~80%。

图 2-30　现蕾期

图 2-31　壮蕾期

（5）伸长期

菇蕾出袋口（图2-32）后表明子实体进入伸长期（图2-33），维持雾化5分钟/30分钟，保证菇蕾的湿度，否则后期容易出现"盐巴菇"，太湿会影响出菇蕾数；第17天，菇蕾刚出袋口将二氧化碳浓度降低到0.3%，每小时开灯30秒让菇蕾整齐；第18天后开始将二氧化碳浓度提升至0.5%，光照时间每小时18秒，光照时间随出菇时间延长每天增长4秒，库房湿度保持90%以上，保持在菇帽上有一层水膜，实现拉长菇柄及菇帽的生长；第23天，在菇柄长度达到8厘米，结合雾化设施开始人工打水，并且增加通风及内循环光照，使菇蕾上的水分在2小时以内收干，然后再用雾化实现库房的保湿，平均每天人工补水一次直至采收完毕。

图2-32　菇蕾出袋口

图2-33　伸长期

（6）成熟期

菇体约在第25天达到成熟期（图2-34），达采收标准，一般菇柄长至13~15厘米，在菇帽尚未开伞以前就要采收。第25天时抽采，第26天开始大采，成熟期期间需要每天人工补水、通风、内循环、光照。

8. 采收与贮运

（1）采收

海鲜菇在菌柄长到13~15厘米，菌盖直径2厘米左右，未开伞时采收。采收

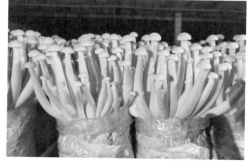

图2-34　成熟期

时将海鲜菇从培养料上轻轻旋下，要求轻采、轻拿、轻放，注意脚对脚放置，尽可能减少机械损伤。

（2）包装

采收后的海鲜菇子实体经1~3℃预冷 2~4 小时，在温度 18℃的包装车间（图 2-35）进行分级包装，包装后的产品再次放置于冷库预冷，等待发货。常见的海鲜菇包装规格：2.5 千克 / 袋、1 千克 / 袋、0.5 千克 / 袋、0.25 千克 / 袋。

图 2-35　包装车间

（3）运输

海鲜菇一般夏季要求冷链运输，以保证鲜菇品质，冬季根据气温情况选择合适运输车辆运输，如温度较低时，可选择常规物流运输以节约企业成本。

（五）海鲜菇瓶式栽培

1. 培养料配方及拌料要求

培养料是海鲜菇生长发育的物质基础，企业应根据生产实际选择合理的配方，以下配方可供参考。

配方 1：木屑 25%、棉籽壳 15%、玉米芯 20%、米糠 23%、麸皮 12%、玉米粉 5%。

配方 2：杉木屑 15%、棉籽壳 35%、玉米芯 15%、麸皮 25%、玉米粉 8%、石灰 2%。

按配方比例准备好各项原辅材料，用搅拌锅将培养料搅拌均匀。先将木屑和玉米芯等粗料投入搅拌锅中，再投入玉米粉、米糠等精料，最后加入石灰；先干拌 10 分钟，再加水搅拌 1 小时，灭菌前培养料含水量 69%~71%，灭菌后培养料含水量 68%~70%，灭菌前后瓶底部无积水。灭菌前 pH 6.1~6.4，灭菌后 pH 5.8~6.1。

2. 装瓶

栽培瓶选用 1100 毫升或 1400 毫升规格为宜，一筐 16 个塑料瓶，采用装瓶机将培养料填充到塑料瓶中，在瓶口下 0.5 厘米处打入 5 个孔（打孔数量要根据厂家工艺来调整），孔不收缩，周围 4 孔通透见底，料面平整、较松但不坍塌，瓶身孔隙度较大且均匀。1100 毫升的栽培瓶装湿料重 0.8 千克左右，1400 毫升的栽培瓶装湿料重 1 千克左右。

3. 灭菌

采用高压方式进行灭菌，以确保灭菌彻底为宜。在灭菌行程中，当料温达到 121±1℃时，时间不低于 30 分钟，具体参数见表 2-11。

表 2-11 瓶装海鲜菇的灭菌参数

行程	设定		
预热行程	温度：0	时间：0	排汽切换：0
置换行程	压力上限：0	压力下限：0	置换次数：0
一次保温	温度：100.0℃	时间：60 分钟	压力：0.020 兆帕
二次保温	温度：115.0℃	时间：20 分钟	压力：0.030 兆帕
灭菌行程	温度：121.0℃	时间：70 分钟	压力：0.115 兆帕
焖置行程	时间：10 分钟		
排汽周期	预热：0；1 升温：10.0/10.0；排汽切换温度：103.0℃；2 升温：5.0/30.0；灭菌：5.0/30；闷置：0；排汽：0		

4. 出锅冷却

当灭菌锅压力降到 0 时，短按绿色开门键，直到灭菌锅密封圈放气完毕，晃动灭菌锅门，确定松动，气已放完，再长按绿色开门键开门，先开 5 厘米一小缝 5 分钟，然后大开门，等待蒸汽排尽。此时锅内温度应在 90℃以上，直接将灭菌车拉至强冷间进行冷却至料温 18~22℃，以灭菌车第 5 层中间一筐、中间瓶、瓶中心温度达到 18~22℃为准。

5. 接种

瓶栽企业仍以固体菌种接种为主（液体菌种的应用尚在试验之中），采用接种机接种（图2-36），接种量控制一瓶菌种接24~28瓶，确保菌种完全覆盖料面，菌种与盖子之间无空隙，紧密结合。

6. 培养

接种后栽培瓶用叉车移入已清洗消毒的培养室（图2-37）中进行前培养。栽培瓶接种后7天左右生长较慢，发热量较少，产生的二氧化碳量较少；随着菌丝的生长，发热量逐渐增大，其中在第30天至第45天为发热高峰期，此时产生的二氧化碳量也最大；当菌瓶发满菌后，发热量逐渐趋于平稳。所以，为了更好地调控发菌的生长环境，将整个培养发菌过程分为前、中、后期3个阶段，每个阶段置于不同区域培养。

图2-36　接种机接种

图2-37　菌瓶培养

（1）培养前期

培养前期（接种后1~11天），此阶段培养室温度控制18~20℃，空气相对湿度控制60%~70%，二氧化碳浓度控制0.2%左右。当菌丝长满瓶颈时进入中期培养。

（2）培养中期

培养中期（接种后12~34天），此阶段培养室温度18~20℃，但要视菌丝生长发热的情况进行调控，空气相对湿度控制70%~80%，二氧化碳浓度控制0.35%左右。当菌丝长满瓶身时进入后期培养。

（3）培养后期

培养后期（接种后 35~90 天），此阶段分为 2 个阶段培养。接种后 35~60 天期间，培养室温度不超过 21℃；接种后 60~90 天期间，培养室温度不超过 22.5℃，瓶肩温度不超过 26℃，空气相对湿度控制 70%~80%，二氧化碳浓度控制 0.3% 以下。

培养期间，重点做好温度、湿度和通风管理，其管理要点及参数如下，仅供参考。

①温度管理：重点管理瓶肩温度和异常温度。

瓶肩温度主要通过提前放好的温度计查看，辅助以红外测温仪探测是否有其他高温点，如果其他高温点温度高于安置温度计高温点，则需要重新安置温度计到新的高温点。如果少部分温度超过标准，用风扇辅助降温；如果大面积温度超过标准，需要降低设置温度。

异常高温需要检查设备是否有异常，导致高温的因素需要查找出来，要确保栽培料是正常生长发热。防止高温的同时也要注意低温。随培养天数增加，需逐渐提升空间温度。如果出现低温，需先从客观因素考虑是否是设备异常制冷、循环风开多了或者外界气温导致低温，排除客观因素再从栽培料自身因素上查找问题。除了随培养天数增加，栽培料发热量减少会导致瓶肩温度偏低外，大部分低温情况都是客观因素导致的。针对不同情况再采取不同的调控措施，比如关闭低温区域空调、减少循环风、降低温度探头区域温度、提升空间温度等。对于发热点或者低温点，查库时需要在日常记录表和培养行程记录上进行记录，以便于后续跟踪。

②湿度管理：培养室空气相对湿度控制 70%~80%，通过机械式湿度计测量。库房空气相对湿度是通过超声波加湿器加湿的，查库时需要检查加湿设备是否正常。如果库房偏干或偏湿，可以通过调控加湿器来调整，调整受培养天数、发热量和外界天气的影响，空气相对湿度的设置要随之变化。培养天数少需要的水分较少，可以偏下限去控制空气相对湿度，随培养天数增加，空气相对湿度要控制上限；发热量较少，空调启动频率较少，空气相对湿度可以控制下限，发热量大，空调启动频率较高，空气相对湿度控制上限；外界空气较干燥时，空气相对湿度需要比平时多加一些，外界空气潮湿时，加湿时间要比平时少一些。最主要的是要把空气相对湿度控制在栽培料每个生长阶段所需的湿度范围内。避免过湿导致

瓶盖长菌丝，或者过干导致料面偏干和瓶肩脱壁。

③二氧化碳浓度与通风管理：培养期间，培养室二氧化碳浓度控制 0.3 % 以下。二氧化碳浓度可以通过新风系统进行调控，采用二氧化碳测定仪测定。循环风设置值是根据入库量、培养天数、发热量等因素综合考虑，确保库房内整体温度均匀。入库量少或培养天数短循环风设置为开 3~5 分钟停 10~15 分钟，随培养天数增加，逐渐稳定在开 10 分钟停 10 分钟；栽培料发热量，发热区域大不均匀时可提升循环风到开 10~15 分钟停 5 分钟。

7. 搔菌

（1）库房打冷

每天需要根据搔菌计划和入库统计安排打冷，打冷时间 1~2 天（打冷当天与搔菌当天不计入打冷天数）。打冷的目的是提前给予菌种低温刺激以达到更好的出菇效果。

打冷的操作是：温度设置为 15 ℃；循环风暂时不变，待空间温度降到 15~16 ℃时关闭循环风；开始打冷时，新风需要关小，随二氧化碳浓度降低，新风需要逐步减少，当天搔菌出库时，需要将新风关闭，以减少能耗；打冷开始时加湿设置为开 5 分钟关 10 秒，并随库房湿度变化逐渐降低。

（2）搔菌要求

将培养成熟的栽培瓶，用输送带运送至搔菌车间，用专用搔菌机进行搔菌处理。搔菌标准：采用专用搔菌刀头，中间"馒头"直径 42 毫米，料面边缘搔菌深度 15~20 毫米，料表面中心形成"馒头"形（图 2-38）。搔菌后补水 9~11 毫升，确保馒头湿润，且不破坏原有菌丝，搔菌 2 小时后沟内不积水。搔菌时应特别注意当遇到污染瓶（袋）应及时挑出，

图 2-38　搔菌

同时在搔菌前和搔菌过程中定期对搔菌刀进行火焰消毒，当不小心搔到污染瓶时，应立即消毒，避免交叉感染。

8. 出菇

搔菌完成后，移至出菇房进入出菇管理阶段。使用智能控制系统控制温度、湿度、光照、通风等生育参数，并根据不同生育阶段及时调整生育参数。全阶段调控通风量（每20分钟通风3分钟或每20分钟通风5分钟）。

（1）菌丝恢复期

搔菌后第1~5天，进入菌丝恢复期管理（图2-39）。此阶段出菇房温度控制15~16℃，空气相对湿度控制95%以上，二氧化碳浓度控制0.2%~0.3%，第1~3天不光照，第4~5天进行光照刺激，光照强度500勒，光照时间15分钟/时。

（2）原基形成期

搔菌后第6~11天，进入原基形成期管理（图2-40）。此阶段出菇房温度控制15~16℃，空气相对湿度控制90%以上，二氧化碳浓度控制0.3%~0.5%，调整光照时间5分钟/时，光照强度500勒。

图 2-39　菌丝恢复期

图 2-40　原基形成期

（3）原基分化期

搔菌后第12~16天，进入原基分化期管理（图2-41）。此阶段出菇房温度控制15~16℃，提高空气相对湿度至98%以上，提高二氧化碳浓度至0.5%~0.7%，保持光照时间5分钟/时，光照强度500勒。

图 2-41　原基分化期

（4）子实体生长期

搔菌后第17~24天，进入子实体生长期管理（图2-42）。此阶段出菇房温度控制15~16℃，调整空气相对湿度至85%~95%，二氧化碳浓度保持0.5%~0.7%，根据菇体长度进行适量光照，光照强度在500勒，光照时间10分钟/时。当搔菌后24天，达到采收标准，整批次进行采收。

图2-42　子实体生长期

9. 采收包装

当菌盖未开伞，直径1.5~3厘米，菌柄长度13~16厘米，即可采收。可人工采收也可用专业的采收机械采收。采收时要求轻采、轻拿、轻放，尽可能减少机械伤害。对采好的菇进行分级包装，采收包装分级标准见表2-12。

表2-12　瓶栽海鲜菇采收包装分级标准

分级	采收标准	包装标准
A级	菌盖直径1.5~3厘米，菌柄长度14~16厘米；若菌柄长度低于13厘米无开伞的菌瓶应返库继续出菇管理	菌盖无开伞，直径1.5~3厘米，切根后菌柄长度13~15厘米
A带根		菌盖无开伞、直径1.5~3厘米，带根菌柄长度14~16厘米
B级		菌盖半开伞、直径1.5~3厘米，切根后菇柄长度14~16厘米；允许个别盐巴菇，个别菌柄较长可摘除
C级		菌盖直径低于1.5厘米或超过3厘米的菇，颜色异常，开伞明显、盐巴菇较多，菌柄长度较短、较长无法摆放的，不规则的零散菇

（撰稿：李佳欢　孙淑静　陈国平　胡开辉　金文松　李玉　陈利丁
赖淑芳　陈毅勇　钟礼义　饶火火　王爱仙　王忠宏）

三、秀珍菇

秀珍菇是肺形侧耳的商品名，隶属于担子菌纲、伞菌目、侧耳科、侧耳属。

秀珍菇鲜嫩清脆、味美可口，营养丰富，蛋白质含量比一般蔬菜高 3~6 倍，富含人体必需的 8 种氨基酸，特别是谷氨酸含量较高，每百克含量超过 2 克，鲜味甜香，被誉为"味精菇"，深受消费者和餐饮业青睐，市场前景较好。秀珍菇的生产规模也呈逐年递增态势。福建作为秀珍菇主产地，2015 年秀珍菇产量 3.7 万吨，产值 3.1 亿元；2020 年秀珍菇产量 12.7 万吨，产值 9.9 亿元，为产区农民增收、农业增效做出了重要贡献。

针对秀珍菇种性退化、烂包、产量不稳定等问题，福建省现代农业食用菌产业技术体系组织福建农林大学生命科学院吴小平教授领衔的岗位专家工作站和罗源、漳州综合试验推广站联合开展秀珍菇退化机理、烂包防控和工厂化栽培关键技术等研究与熟化，集成一套秀珍菇提质增效技术，尤其是秀珍菇"智慧厢式菇场"栽培新模式，既可实现秀珍菇出菇环节智能化管理，又解决了土地硬化与环保问题，备受产区菇农推崇。

（一）生长条件

1. 营养需求

营养是秀珍菇菌丝体、子实体生长发育的基础，适宜的培养基质配方是秀珍菇高产优质的根本保证。秀珍菇属于木腐菌，分解木质素、纤维素能力较强，可利用棉籽壳、木屑、甘蔗渣、玉米芯、麸皮、玉米粉、豆粕等农林副产品作为栽培基质，适量添加轻质碳酸钙和石灰，增加基质中矿物质并调节基质酸碱度。栽培基质中含氮量和碳氮比是配方中的关键指标。试验研究表明，配制培养基质后含氮量 1.3%、碳氮比 33：1，菌丝长势强，浓密洁白，且原基形成、现菇蕾、采收时间均较早，出菇整齐均匀，产量较高。主要原料选用要求介绍如下。

（1）棉籽壳

棉籽壳是秀珍菇栽培的主要原料之一，但经榨油过的棉籽壳不适合作为秀珍菇栽培基质。按壳、绒的不同可将棉籽壳细分为大壳大绒、大壳中绒、中壳长绒、中壳中绒等种类，通常选用中壳中绒或中壳长绒的棉籽壳。

（2）木屑

木屑也是秀珍菇栽培主要原料之一，通常选用杨、柳、槐、泡桐等软质阔叶树的木屑。木屑需至少经过提前3个月的堆积处理，一方面软化木质纤维，另一方面提高其保水性能。试验表明，使用堆积1年的木屑，可获得高产量的秀珍菇。

（3）甘蔗渣

甘蔗渣也是秀珍菇栽培较为理想的原料之一，但由于甘蔗为当年生缩根作物，纤维素含量比多年生的树木低，添加量不宜超过30%。不同地方糖厂的甘蔗渣质量有所差异，海南混合渣较好。存放甘蔗渣的地面最好略有坡度，以防渣液激活土壤微生物，尤其是嗜热细菌，造成灭菌不彻底。

（4）玉米芯

应选用新鲜干燥、无发黑、无脏污、无异味、无霉变、无结团的玉米芯，颗粒度界于2~6毫米之间，使用前应粉碎，否则，吸水性较差，影响栽培效果。

（5）麸皮

麸皮是小麦加工面粉的副产品。秀珍菇栽培使用的麸皮应选用淡褐色或黄红色，麸皮颜色越偏红越好，应有特有的香甜味道，无霉变、无长虫、无酸败味、无腐味、无结块、无发热。

2. 环境条件

（1）温度

秀珍菇属于中温变温结实型菌类，菌丝体在10~35℃均能生长，适宜温度20~28℃。温度低于10℃，菌丝生长缓慢；温度高于35℃，菌丝停止生长、老化变黄。在菌丝培养过程中，菌包中心温度通常比包外温度高于1~3℃，因此菌包培养期间应特别注意温度控制，当菌包中心温度高于35℃时极易造成高温"烧菌"导致烂包。出菇温度12~30℃，适宜温度18~28℃（不同品种出菇温度有所差异），原基形成需 10℃左右温差刺激 10~12 小时。打冷刺激时，菌包中心温度达到 12℃，次日再调高温度至 25~27℃进行培养，第二天便可出现原基。温度低于15℃，子实体容易产生畸形。

（2）湿度

秀珍菇属于喜湿性菌类，在菌丝体和子实体生长发育期均需要相应的基质含水量和空间相对湿度。菌包培养料适宜含水量 55%~65%。研究表明，培养料的含水量不仅影响菌丝生长情况，而且影响产量。棉籽壳、木屑、甘蔗渣培养料含水量 61%，表现菌丝整齐、均匀、粗壮有力、菌丝长势强。培养料含水量过高，菌丝供氧不足而造成菌丝生长缓慢，含水量过低也会影响产量。菌丝培养阶段空气相对湿度控制 65%~70%，春天梅雨季节菌丝培养要注意除湿工作，否则极易发生链孢霉等杂菌污染。出菇管理阶段，菇房空气相对湿度为 85%~90%，空气相对湿度低于 80%，原基产生少，子实体发育缓慢、菇体短小、干萎；空气相对湿度高于 95%，菇体蒸腾作用受阻，抗逆性减弱，畸形菇增多且易变软腐烂。

（3）光线

秀珍菇菌丝培养阶段不需要光线，蓝光、绿光会抑制菌丝生长，红光对菌丝生长不敏感。原基形成需要一定的散射光，以 500~1000 勒为宜，完全黑暗条件下不易形成子实体。随着子实体伸长、成熟，可适当减弱光照强度，促进菌盖色泽变深，提高子实体商品品质。

（4）空气

秀珍菇属于好氧性菌类，随着菌丝生长，需氧量增加。发菌阶段需要适当通风换气，每天 2~3 次，每次 20~30 分钟。原基形成，菌丝呼吸量骤增，需要增加菇房空气流通，避免菇蕾缺氧而夭折；随着子实体伸长，需要一定浓度的二氧化碳，促进菇柄伸长、抑制菇盖过快扩展，否则将影响子实体品质；子实体生长后期则降低菇房二氧化碳浓度，促进菇盖伸长，提高子实体品质。

（5）pH 值

秀珍菇适于在弱酸性环境中生长。试验表明，灭菌后培养料 pH6.0~6.5 较为适宜。不同培养料配方 pH 值有所差异，灭菌前 pH 值也会高一些，生产上常用 1%~2% 的石灰或轻质碳酸钙调整培养料的 pH 值。

（二）栽培场所与菇房设置

1. 栽培场所

（1）产地环境

应选择生态环境良好，地势较高，通风良好，水质优良，无有毒有害气体，周围无工业"三废"、禽畜舍、垃圾（粪便）场、各种污水及其他污染源（如大量扬灰的水泥厂、石灰厂等），并且远离医院，尽可能避开学校、公共场所和居民住宅区。

（2）菇场布局

应按照秀珍菇生产要求、工艺流程，结合当地的地形、交通等因素进行科学安排，生产区与生活区严格分离，生产区料场、制袋、接种、发菌及出菇区衔接合理。菇场布局可分为原料场地、制袋区、灭菌区、冷却接种室、菌种培养区、栽培区、保鲜库等。布局时还应防止因菇场培养料堆制发酵及废弃物处理对周围环境产生不良影响。近年来，随着生产方式转变，漳州、罗源等秀珍菇主产区推广集中制包培养与分散出菇的模式，布局也要按照功能需求进行调整。

2. 菇房设置

菇房是出菇管理场所，需大小适中、内部结构合理，具有安全牢固、保温保湿、通风能好等性能，能满足秀珍菇出菇期对外界环境的要求。

（1）室外菇棚

这种菇棚适合季节性栽培，需要配备移动打冷设备（图3-1）。室外菇棚易受自然气候影响，需要对棚顶或棚内增加降温设施。试验表明，棚顶安装喷淋设施，棚内温度比棚外温度可降低2~3℃；棚顶安装喷淋加上棚内雾化设施，棚内温度比棚外温度可降低3~4℃。这两种设施的菇棚适合气温32℃以下环境栽培，气温超过

图3-1 移动式制冷机组

32℃就会导致菌盖颜色偏浅，容易开伞、裂边，产品质量差。菇棚加装水帘设施，适合夏季出菇，但不适合秋冬出菇，因为这个季节日夜温差大，无法保证秀珍菇品质。

菇棚骨架采用镀锌钢管、不锈钢等材料建造，中间棚顶设置架空隔层，棚顶覆盖泡沫彩钢瓦，屋面采用覆盖隔热屋面板或保温膜加遮阳网。四周采用黑色塑料膜加遮阳网覆盖。菇棚不宜太长，否则菇棚中部会因通风不良而影响产量，甚至诱发病虫害。菇棚长度30~35米，宽度13~15米，外层顶高不低于5米，肩高不低于3.5米，棚顶架空隙层的间距40~50厘米，内层菇架棚的高度设计左右两部分呈"八"字形，高为2.8~3米，低为2.3~2.5米，内层架棚的顶部具有两层覆盖物，白色塑料薄膜上再覆盖一层毛毯。棚中间通道1.5米，两侧采用竹材料搭建栽培架，呈"非"字形排列（图3-2），每侧每隔1.5米立一根柱，3~4根柱呈一排，排排之间通道1米，每排分2~3格固定架，每格固定架叠6层菌包，每层用两根竹片压包，排包后菇棚内部两侧用塑料布围成相对密闭空间，以便温湿气等外部因素调控（图3-3）。

图3-2　棚内栽培架

图3-3　排包后棚内结构

（2）室内菇房

这种菇房适合工厂化栽培。选用砖混房＋挤塑泡沫保温板（6厘米厚度）或库板房作为菇房（图3-4）。菇房需要配备制冷机和风机，其规格要根据菇房栽培量进行匹配，菇房体积48米^3，需要配备1台15千瓦制冷机和2台DD-100型冷风机（图3-5）。为使菇房内部温度均匀，可在菇房内顶铺设若干条通风管（图3-6）。

菇房内部采用木板和铁丝构成网格的架子（图3-7），网格架子要根据菇房大小来设计。6米×8米的菇房可排放6排架子，每排架子用宽度9.5厘米、厚度4.5厘米的木板固定4片铁网，每片铁网有10孔×20孔，每孔孔径12厘米×12厘米。每排架子4片铁网容纳800个菌包，每间菇房容纳4800个菌包。

图3-4　库板房

图3-5　风机

图3-6　通风管

图3-7　网格架子

（3）智慧厢式菇场

这种菇场由7~8间集装箱式库板房组成的（图3-8），其中出菇房为6~7间（每天一间菌包形成循环出菇），1间为产品保鲜库。整体菇场既可采用移动式也可采用固定式的模式，既实现秀珍菇周年生产供应，又解决了土地硬化和环保问题。

菇场大小由栽培量决定的，采用网格墙式出菇模式（图3-9），每天出菇1000包，每间出菇房规格为长度6米、宽度3.2米、高度2.7米；每天出菇2000包，每间出菇房规格为长度8米、宽度4米、高度3.4米。每间菇房需要配备温控、通风设备和智能化控制设施，温控、通风设备与菇房栽培容量相匹配，一般每间出菇房配备一台 6 匹制冷机和 1 台 DD-100 型冷风机。

图 3-8　智慧厢式菇场

图 3-9　网格墙式出菇

（三）品种选择

秀珍菇以鲜品销售为主，来源不同的品种，其表现性状差异较大，应选择市场认可度高的菌盖呈汤匙状、菌柄直的品种。目前生产上推广秀 57、金秀和台秀 2019 等品种。

1. 秀 57

该品种为福建罗源产区主推品种（图 3-10），菌盖灰褐色、表面光滑，呈勺状，菌肉较厚，菌柄呈柱状。菌丝生长温度范围 10~35℃，适宜生长温度 25℃，基质含水量 50%~70% 均能生长，适宜含水量 63% 左右，pH 4~10 均可生长，适宜 pH 值 6.5。

2. 金秀

该品种为福建漳州产区主推品种（图 3-11），适合在春秋季节栽培，也可用于工厂化栽培。菌盖贝壳形或扇

图 3-10　秀 57

形，菌盖直径 2~5 厘米，肉厚，平整，边缘光滑，盖灰褐色，菌褶白色、延长，菇柄结实，菇柄长度 2~6 厘米，偏生，白色，内部实心。该品种菇蕾多，生长均一，出菇整齐，产量高，品质好。菌丝生长温度范围 10~32℃，最适温度为 25℃，温度低于 15℃，菌丝生长缓慢，温度高于 30℃，菌丝生长速度快，但菌丝表现稀疏、易变黄、老化。出菇

图 3-11　金秀

温度 15~27℃，较不耐高温。菌丝在培养料含水量 50%~75% 范围内均可生长，最适含水量为 63%。菌丝在 pH4~8 范围内均可生长，最适 pH 值 6。

3. 台秀 2019

该品种为福建漳州产区主推品种（图 3-12），适合在春秋冬季节栽培，也可用于周年工厂化栽培。菌盖扇形，平整，基部不下凹，表面、边缘光滑，深灰褐色，中间灰色，平均厚度 0.5 厘米，直径 2~4 厘米。菌褶密集延长，白色，狭窄，不等长。菌柄结实，侧生，白色，菌柄长度 3~6 厘米，粗 0.7~1 厘米。菌丝生长温度 10~35℃，最适温度

图 3-12　台秀 2019

24~26℃。出菇温度 15~30℃，最适温度 18~22℃，温度适应性较广，表现出菇早、整齐、密度中等、产量高的特点。

（四）菌包制作

秀珍菇菌包制作包括拌料、装袋、灭菌、接种等环节，主要由专业菌包厂完成。

1. 培养料配方

各地生产习惯不同，所采用配方有所差别。罗源产区以棉籽壳、木屑作为栽培主料，常用配方为棉籽壳 30％、粗木屑 20％、细木屑 33％、麸皮 13％、石灰 1.5％、轻质碳酸钙 1.5％，红糖 1％。漳州产区以棉籽壳、木屑和甘蔗渣作为栽培主料，常用配方为棉籽壳 35％、木屑 30％、甘蔗渣 20％、玉米粉 5％、麸皮 8％、石灰 1％、轻质碳酸氢钙 1％。

2. 拌料

按配方将原辅材料置于拌料机并加水进行搅拌（图 3-13）。为使培养料搅拌均匀，大部分厂家采用二级拌料，有的采用三级拌料。拌料时要注意把控培养料含水量和 pH 值。原料不同，培养料含水量会有差异。一般培养料含水量控制 60％~63％，用手紧握料指缝间有水印形成水珠而不滴为宜。水分太多，会导致后期菌丝难走透而影响出菇（图 3-14），灭菌前 pH 值为 6.7~6.9。

图 3-13　拌料机

图 3-14　菌丝难走透

3. 装料

拌完料通过打包机进行装料（图 3-15）。打包机具有速度快、连续作业、装袋质量好等优点，因此得到普遍推广。打包机的厂家很多，务必选择质量可靠、售后服务好的厂家。装料要求压实、密实适中，上紧下松，中间打穴（洞），装料高度 18~20 厘米。塑料袋通常采用聚丙烯材质，规格为（17~19）厘米 ×（33~35）厘米 ×0.005 厘米。试验表明，塑料袋口径大的产量高，即 18 厘米口径的比 17

图 3-15　打包机

厘米的产量高，19 厘米口径的比 18 厘米的产量高，但并不代表口径越大越好。塑料袋口径的选择要根据打包机机型、培养条件等因素综合考虑。

4. 灭菌

灭菌有常压灭菌和高压灭菌两种方式，常压灭菌虽然投资省，但生产上常因灭菌不彻底而出现隐性污染，建议采用高压灭菌。近年来推广智能数控型高压灭菌柜备受业主欢迎（图 3-16）。将料袋放入高压锅内进行灭菌，压力表气压升至 0.05 兆帕，排尽冷汽，关闭锅盖，继续加热，温度升至 126℃时，维持 3 小时，灭菌结束，停止供汽，待袋温降到 90℃时出锅，并及时移到已消毒的冷却室。

图 3-16　高压灭菌柜

5. 冷却接种

将灭菌的料袋移到已消毒的冷却室（图 3-17），冷却至 27℃以下，移入接种室（无菌室）进行接种。

接种应在洁净室进行。洁净室通常采用紫外线、臭氧机消毒，洁净室每周至少检测 1~2 次，检测合格才能使用。菌种有固体菌种和液体菌种两种剂型，固体菌种菌龄 35~40 天，液体菌种菌龄 5~6 天（图 3-18）。

图 3-17 冷却室

图 3-18 液体菌种接种

液体菌种替代固体菌种是今后食用菌生产发展趋势，具有制种时间短、接种效率高，定植封面快、发菌周期短，生产成本低、自动化程度高，出菇整齐度高、产品品质好等特点，因此备受食用菌工厂化企业和菌包生产供应企业的推崇。液体培养基配方可选用：豆粕粉1%、蔗糖2%、酵母膏0.2%、磷酸二氢钾0.2%、硫酸镁0.1%。

图 3-19 液体发酵罐

液体菌种采用液体发酵罐生产（图3-19），按照母种（一级种）、摇瓶菌种（二级种）到种子罐菌种（三级种）流程规范操作，确保液体菌种质量。

（五）菌包培养

接种后菌包应及时移入已消毒温控培养室内进行培养（图3-20）。接种后3~5天内养菌室温度控制在23~26℃，以促进菌种萌发定植，7天后应调至22~25℃。每天要适当通风

图 3-20 培养室培养

2~3 次，每次通风 20~30 分钟。菌丝长满袋需要 20~26 天，继续培养 10~20 天，确保菌丝生理成熟才能移入出菇棚（房）进行出菇管理。

采用液体菌种接种，经常会出现菌丝堵孔现象（图 3-21），这是秀珍菇工厂化栽培管理难点之一。主要原因是菌丝生长需氧量与套环盖子通气量不匹配，建议采用 3.2 厘米 ×3.8 厘米套盖、一层网布，促进菌丝透气，减少堵孔。

图 3-21 菌丝堵孔

秀珍菇菌包后熟期与产量有密切关联，在一定条件下，后熟期越长产量越高。试验表明，菌龄 50 天出菇表现子实体丛生，菌盖棕褐色，菌柄白色，出菇整齐均匀，产量高达 345.27 克/袋（一潮），比菌龄 35 天提高 10.14%。

（六）出菇管理

1. 季节性栽培出菇管理

季节性栽培一般一年两季，按出菇时间区分为夏菇、冬菇。夏菇出菇时间一般为 5 月下旬至 10 月上旬，冬菇出菇时间为 1~5 月。将菌包移至室外菇棚进行排包，把每排菌包袋口同向，上下排袋口错开排列。当气温低于 15℃时，采用白天盖膜、晚上通风拉大棚内温差的方法，诱导原基分化。需要连续 5~7 天时间的刺激，便可在袋口出现大量原基。当气温高于 15℃时，采用打冷刺激方法诱导原基分化。用塑料薄膜将同批次菌袋的菇棚四周进行密闭处理，将移动式制冷机移入棚内，降温至 10℃左右、温差 15℃以上，保持 10~12 小时。经过温差刺激后的菌袋，棚内四周需要覆盖塑料薄膜密闭 2~3 天，可诱导原基分化。

菇蕾形成应做到温度、湿度、通风、光线 4 个要素的协调管理。当菇棚温度低于 12℃时，要做好保温保湿工作，切勿让干燥的冷风直接吹至菇墙上，以免子实体枯萎；当菇棚温度高于 30℃时，要做好降温通风工作，菇棚空气相对湿度应保持在 90% 左右，不低于 85%，亦不能长时间保持高湿状态，可采取地面浇水、空中喷雾，但避免向袋口喷水，有条件的栽培场，可用超声波弥雾器进行微喷、细喷。秀珍菇外观的颜色与菇棚内空气相对湿度有密切关系，如果菇棚内空气相对湿度能够满足其生长，菇盖颜色为鼠灰色；如果菇棚内空气相对湿度低，菇盖颜色偏白。秀珍菇子实体生长需要大量氧气，但不能让风直接吹向子实体，也不能不通风或少通风，否则将很容易造成死菇。因此要根据气候情况和子实体大小给予适当的通风换气，不同天气要有不同管理方法，夏天要以通风为主，先喷水后通风；冬天要以保湿为主，先通风后喷水。外面风大时，菇棚内就应短时间通风；外面风小时，菇棚内就应长一点时间通风，但都不要让风直吹菇上。晴天、菇量少和子实体小时要减少通风量和通风次数；下雨天、菇量多与子实体大时要增加通风量与通风次数，总的原则是要保持菇棚内有足够的新鲜空气。同时，菇棚内要有少量自然散射光即可，要避免阳光直射，在冬季应适当增强亮度，使菌盖不至转为暗灰色、菇体较为厚实。

每潮菇采后，将菌包表面的死菇、菇根剔除干净。经过 10~15 天养菌，空气相对湿度控制 80%~85%，并按上一潮菇管理方法管理下一潮菇。

2. 工厂化栽培出菇管理

菌丝满袋后，后熟 15~20 天。将生理成熟的菌袋经 10 小时的低温（12~14℃）刺激后，拔掉套环盖无棉盖体或解开绳子，割去袋口薄膜露出料面部分，刮去原先老的菌种或肥大的原基，促进原基形成（图 3-22）。此时，出菇房温度控制 18~23℃，空气相对湿度维持在 85%~95%。湿度太低不利于子实体的生长，湿度高于 95% 会引起杂菌滋生而导致烂菇。出菇阶段菇房喷雾化水、细喷催菇水，可地面浇水和空中喷雾，但要避免向菌袋口喷水。在子实体生长阶段管理过程中，前期应促进原基多形成，中期保原基多分化，后期保菌柄伸长形成优质菇。当子实体处于伸长期时（图 3-23），二氧化碳浓度控制 0.2% 以下，如果长期缺氧，会导致难于形成菌盖（图 3-24）。每天光照 3~5 小时，促进子实体发育生长。当子实体处于成熟期时（图 3-25），以通风为主，每天通风 3~5 次，每次通风 15~25 分钟。

第一潮菇采收完，要及时清理料面，去掉残留的菌柄、烂菇，停止喷水，待菌丝体恢复 2~3 天，进行下一潮菇管理，菇房应保持空气相对湿度 85%~90%，有菇蕾发生，停止喷水，按上一潮菇管理方法进行管理。

图 3-22　料面骚菌

图 3-23　子实体伸长期

图 3-24　缺氧难形成菌盖

图 3-25　子实体成熟期

3. 厢式菇场出菇管理

根据厢式菇场的菇房容量从菌包生产供应企业购买生理成熟的菌包，每天进一间出菇房，第 6 天完成子实体采收，6 间菇房便可形成循环出菇。

第 1 天排包去套环打冷。将生理成熟的菌包置于厢式菇房排架上（图 3-26），拔掉套环盖无棉盖体，打冷使菇房温度降至 9~11℃，打冷时间 14 小时。

第 2 天开袋口调温催蕾。切割袋口，割去袋口薄膜露出料面部分（图 3-27），袋面尽量大，刮去原先老的菌种或肥大

图 3-26　排包去套环　　图 3-27　开袋口

的原基，促进原基形成。调回菇房温度至 25~27℃，不通风，将二氧化碳浓度提高至 0.3%~0.4%，空气相对湿度控制 85%~92%。

第 3 天原基形成期。菇房温度控制在 25~27℃，不通风，继续提高二氧化碳浓度至 0.5%~0.7%，空气相对湿度控制 85%~93%，此时料面可见原基形成（图 3-28）。

图 3-28　原基形成

第 4 天伸长期管理。上午，菇房温度保持 25~27℃，不通风，二氧化碳浓度维持 0.5%~0.7%，空气相对湿度控制 85%~93%。这个阶段已经大量分化出原基，进入伸长初期（图 3-29），要尽量减少温度、湿度差。同时注意掰掉长得快的小菇蕾，疏掉畸形菇蕾，一天 4 次，使之生长均匀，以便同步好管理。

下午，这个阶段子实体处于伸长期，菇柄继续拉长（图 3-30），调节菇房温度至 24~26℃，可适当通风，将二氧化碳浓度降至 0.2%，让其生长更多的菇芽。之后再重新调整提高二氧化碳浓度至 0.5%~0.7%。

第 5 天生长期管理。菇房温度从 24~26℃调整至 20~22℃，通风，降低二氧化碳浓度至 0.1%~0.15%，菇房空气相对湿度控制在 85%~93%。这个阶段子实体处于生长期（图 3-31），注意把畸形菇和长得快的菇去掉，让菇均匀生长。

图 3-29　伸长初期

图 3-30　伸长后期

图 3-31　生长期

第 6 天成熟期管理。继续降低菇房温度至 19~21℃，通风，降低二氧化碳浓度至 0.08%~0.12%，开灯，适当增强亮度，使菇的菌盖不致转为暗灰色，菇体较为厚实。秀珍菇转色至少需要 12~24 小时。注意喷水节奏，温差过大时不可直接往菇上喷水，以免菇发黄；同时二氧化碳浓度不可调太低，以免菇被风直吹会变薄和变白，品质也会变差。

（七）采收与贮运

1. 采收

菌盖直径 2~4 厘米、柄长 4~6 厘米、菇盖未开伞，及时采收。采收时用剪刀或抓住菇体轻轻扭转拔下，再轻轻放入清洁的塑料筐叠放整齐。菇体多为单生，可采大留小；丛生菇必须整丛一次采摘，并保持菌菇完整。

秀珍菇一般以菌盖体形状、大小、开伞程度进行分级，不同产区的市场不同，要求等级有所差异。秀珍菇分级标准如下：一级菇要求菇形规整、无开裂、无畸形、菌盖边缘内卷，菌盖直径 3~4 厘米，菌柄长度 3~5 厘米；二级菇要求允许少量开裂、无畸形、菌盖边缘轻度平，菌盖直径 3~5 厘米，菌柄长度 4~6 厘米；三级菇要求允许开裂、轻微畸形、菌盖边缘平展，菌盖直径 5 厘米以上，菌柄长 6 厘米以上。

2. 贮运

采收后的秀珍菇应及时将菇脚和杂质剪掉，放入 1~4℃的冷藏库内预冷，预冷时间 8~10 小时。然后采用 5~8℃冷藏车进行冷链运输，若未及时销售，应将秀珍菇置于 -2℃库温的保鲜库内贮藏，此时，菇体温度保持 0℃，可保证菇体品质和新鲜度。

（八）病虫害和烂包防控

1. 病虫害防控

秀珍菇栽培特别是季节性栽培，病虫害发生率比较高。主要病害为由托拉斯假单胞杆菌感染平菇子实体所引起的黄斑病（图 3-32），这种病害在春夏交替或秋冬交替季节气温大幅度变化条件下极易发生。

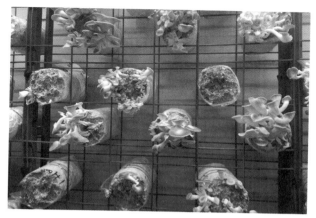

图 3-32　黄斑病

　　主要虫害有平菇厉眼蕈蚊、异迟眼蕈蚊和真菌瘿蚊等菇蚊。

　　平菇厉眼蕈蚊适温性强，在 5~35℃均易成活，周年发生、无越冬期。露地栽培场所虫量高峰期在 5~6 月份，18~22℃时完成 1 代需 23 天。单雌产卵量 75~120 粒。幼虫咬食菌丝体和子实体，造成孔洞，群集危害造成子实体干枯死亡。

　　异迟眼蕈蚊一年发生 3~4 代，雌虫产卵量为 50 粒左右，最大可达 100 粒，从产卵到羽化发育历期约 18 天，雄虫比雌虫羽化早 1~2 天。幼虫 4 龄，卵期为 3~4 天，幼虫期 10~12 天，蛹期为 3~4 天。4 月初至 5 月中旬为成虫羽化期，各代幼虫出现时间为第 1 代 4 月下旬至 5 月下旬，第 2 代 6 月份，第 3 代 7 月上旬至 10 月下旬，第 4 代（越冬代）10 月上旬至次年 5 月初。

　　真菌瘿蚊喜中低温环境，在温度 5~25℃瘿蚊取食菌丝和菇体，并以母体繁殖，3~5 天繁殖一代，每只雌虫产出 20 多条幼虫，遇干燥时虫体密集结成球状以保护生存。温度 5℃以下时，以幼虫在料中越冬。在 30℃以上时以蛹越夏。产卵量 10~28 粒，幼虫期 11~13 天，蛹期 3~7 天。幼虫咬食菌丝和子实体。

　　由于秀珍菇子实体对农药特别敏感，只要有一点农药气味就很容易造成子实体畸形，因此出菇期不使用任何农药。秀珍菇病虫害防治总原则是预防为主，病虫害防控要从农业措施和物理措施入手：一要做好栽培场所环境卫生，减少病虫害发生率。二要科学管菇，尽量采用雾状喷头进行喷水，注意及时通风，避免子实体表面长时间出现水膜，避免菇棚内出现 25℃以上高温。发现感病子实体特别是黄斑病，应及时摘除，并在发病子实体及其周围菌袋上撒上石灰。三要采取物理措施防止菇蚊、菇蝇入侵。在菇棚内每间隔 10 米距离挂一盏黑光灯，晚间开灯，早上熄灭，诱杀成虫。黑光灯型号有佳多 PS-15 Ⅱ（普通、光控）、PS-15 Ⅲ（光温）。在出菇袋最上层上方 0.5~1 米处悬挂 25 厘米 ×15 厘米黄板，每间隔 5 米距离悬挂 1 片诱杀害虫，当黄板上粘满成虫时应及时更换。

2. 烂包防控

季节性栽培时常发生烂包现象。在菌包培养期间，遇上气温骤升并持续高温的气候，秀珍菇菌包的菌丝活力下降甚至失活，抗杂菌能力下降，绿霉及虫害滋生，进而引发烂包。从 2020 年福建罗源秀珍菇烂包调查情况看，通风不良菇棚的烂包明显高于通风良好的菇棚，菇棚顶部没有安装喷淋设施的烂包明显高于安装喷淋设施的菇棚。

2021 年，福建省现代农业食用菌产业体系在罗源开展秀珍菇烂包防控技术示范，选择上年烂包发生率较高的两个菇棚作为试验对象，在一个原有菇棚顶部安装排风扇和自动喷淋管道设备，在另一个原先菇棚顶部安装制冷风机和雾化器（图3-33）设备，以未改造的同一菇棚为对照。结果表明，改造后菇棚温度、湿度和通风等环境因素一定程度上可以得到改善，配备排风扇和自动喷淋管道的菇棚秀珍菇产量与对照相当（出菇期间棚外气温恰好适合秀珍菇生长，未改造菇棚的产量没有受到影响），优质率提高 8%，效益提高 5.8%；配备制冷风机和雾化器的菇棚秀珍菇产量提高 5.6%、优质率提高 10%，效益提高 12.3%。

图 3-33 制冷风机和雾化器

此外，对福建罗源现有菇棚配备不同设施及其中秀珍菇生长情况进行跟踪发现，配备棚顶喷淋、雾化加喷淋的菇棚，可使棚内温度分别降低 2~3℃、3~4℃，一定程度上有利于秀珍菇生长，但当棚外温度超过 32℃时，上述设备的作用发挥受到限制，菌包质量较差的会现烂包现象。

综上所述，为遏制秀珍菇烂包的发生，必须改变现有"一区制"（菌包培养与出菇管理在室外同一大棚内完成）的生产模式，尤其是菌包闷棚培养不利于菌丝生长发育，极易发生烂包。应倡导工厂化的菌包培养，提高菌包质量与抗逆性；同时，引导季节性栽培出菇模式向工厂化栽培出菇模式转变，建立秀珍菇生产质量监控体系和可追溯体系，保障秀珍菇高产、稳产、优质。

（撰稿：陈国平　庄学东　李昕霖　吴小平　兰凉英　肖淑霞　卢政辉

刘新锐　黄志龙）

四、银耳

银耳（图 4-1），隶属于真菌门、担子菌纲、银耳目、银耳科、银耳属。

福建是全国银耳栽培主要产区，年产量占全国 80% 以上。福建银耳栽培主要分布在宁德市古田县、屏南县，三明市尤溪县、建宁县，南平市邵武市和福州市闽清县，其中古田县银耳产量约占全省的 90%。银耳栽培有袋式栽培和瓶式栽培两种模式，袋式栽培占主导地位，瓶式栽培仅有一家企业，位于三明市尤溪县洋中镇农民创业园，2013 年投资建厂，日产 12 万瓶。

图 4-1　银耳

银耳作为产区乡村振兴的抓手之一，在产业转型升级过程中，存在一些亟待解决的问题。一是银耳菌种质量不稳定，缺乏菌种质量判断标准，因菌种质量问题造成不出耳、少出耳现象时有发生。二是栽培原料多以棉籽壳为主，产品质量达不到绿色食品、有机食品的要求，降低了银耳产品档次。三是生产管理多凭感觉、经验，缺乏数据化精准控制。鉴此，福建省现代农业食用菌产业技术体系针对银耳产业转型升级过程出现的技术瓶颈、共性问题，组织福建农林大学生命科学学院孙淑静教授领衔的岗位专家工作站和古田、尤溪综合试验推广站联合开展银耳菌种质量控制、栽培新基质开发、高效栽培技术及病虫害绿色防控等研究、熟化等工作，集成一套银耳提质增效技术进行示范、推广，深受产区菇农的青睐。

（一）生活条件

银耳生长发育需要从栽培基质吸收营养物质，同时还需要适宜的温、湿、光、气等环境条件。

1. 营养需求

银耳与其他食用菌一样虽属于异养型生物，需要从栽培基质中吸收利用其生长所需碳源、氮源和无机盐等营养物质，但吸收利用方式不同，纯银耳菌丝只能直接利用简单的碳水化合物如单糖（葡萄糖）、双糖（蔗糖），而对于纤维素、半纤维素、木质素、淀粉等复杂化合物需要香灰菌（伴生菌）分解成可溶性小分子物质后再提供给银耳菌丝利用。因此，配制栽培基质时应同时考虑能满足银耳菌丝与香灰菌的营养需求。传统银耳的栽培基质以棉籽壳为主料，近年来，成功开发了玉米芯、莲子壳、中药渣等材料作为银耳栽培的新基质，为银耳产业可持续发展开拓原料新渠道。

（1）玉米芯

玉米芯是玉米脱粒后的穗轴经加工而成，其颗粒较大，组织呈海绵结构，通气性好、储水能力强，且其来源广泛、价格低廉，单价不及棉籽壳1/3。随着银耳生产的发展，棉籽壳价格节节攀升，寻找棉籽壳替代品成为银耳产区的首要任务。试验表明，栽培基质添加玉米芯可以替代部分棉籽壳，当棉籽壳替代量为30%时，其产量较高，与对照（全棉籽壳作主料）相比无显著差异（图4-2）。该成果已在福建古田建宏农业开发有限公司、古田大野山银耳有限公司、古田县闽为食用菌专业合作社推广示范（图4-3），单袋节约成本0.3元以上，为银耳栽培原料开辟了新渠道。

图4-2 玉米芯替代棉籽壳栽培银耳试验

图4-3 玉米芯替代棉籽壳栽培银耳示范

（2）棕榈颗粒

棕榈颗粒（图4-4）是棕榈果榨油后的产物压制而成的，其富含粗脂肪、粗蛋白与粗纤维。试验表明，棕榈颗粒替代部分棉籽壳栽培银耳是可行的（图4-5）。该成果已在福建古田县晟农食用菌农民专业合作社推广应用，银耳的品质与口感更佳。

图4-4 棕榈颗粒

图4-5 棕榈颗粒栽培银耳的形态特征

（3）莲子壳

莲子壳（图4-6）是莲子加工后产生的大量副产品，含有丰富的营养物质。试验表明，莲子壳代替棉籽壳栽培银耳可行（图4-7）。用莲子壳生产的银耳，口感更为软糯，提升了银耳的品质及附加值。

图 4-6　莲子壳

图 4-7　莲子壳栽培银耳的形态特征

（4）中药渣

中药主要由动植物和部分矿物类药材组成，其中植物类药材占 85% 以上。中药渣富含纤维素、半纤维素、木质素、蛋白质和核酸等有机质及微量元素（图 4-8）。试验表明，中药渣经发酵处理制备银耳栽培基质具有增产提质、提高抗逆性等优点（图 4-9）。

图 4-8　中药渣

图 4-9　中药渣栽培银耳现场

2. 环境条件

除营养需求外，银耳在生长过程中，对温度、湿度（水分）、空气（氧气量）、光照及酸碱度都有一定的要求，不是单一因素所控制的。因此在栽培过程中，应根据银耳生长发育特性，满足其不同阶段对于温、光、水、气的需求量，才能确保稳产高产。

（1）温度

银耳是一种中温型、耐旱、耐寒能力强的真菌，适宜的培养温度、出耳温度有利于银耳生长。不同培养温度及出耳温度会影响银耳菌丝生长和出耳的农艺性状。试验表明，24℃条件下培养银耳菌棒，在原料降解情况（总糖、pH、还原糖、胞外蛋白）、各胞外基质降解酶分泌量（羧甲基纤维素酶、淀粉酶、漆酶、蛋白酶），以及出耳品质（银耳朵形、产量）明显高于20℃、28℃条件下培养的菌棒，银耳菌棒培养阶段最适温度应为24℃左右；子实体在20~26℃条件下生长发育，其耳片厚、产量高。长期低于18℃或高于28℃，其子实体朵小，耳片薄，温度过高还容易产生"流耳"。香灰菌菌丝在6~38℃皆可生长，最适生长温度为25~28℃，耐高温，但耐低温能力较弱，低于10℃香灰菌菌丝生长缓慢、萎蔫，失去分解栽培基质的能力。

（2）湿度（水分）

银耳菌丝抗旱能力较强，菌丝体在一定条件下易产生酵母状孢子。香灰菌菌丝耐干旱能力较弱，在潮湿的条件下生长比较旺盛。因此，栽培基质含水量要同时满足银耳菌丝和香灰菌菌丝生长发育的要求，通常控制在60%以下，但不同基质的含水量要求有所不同。以棉籽壳为主的培养基含水量应以50%~55%为宜，以木屑为主的培养基含水量一般掌握在48%~52%。发菌阶段，室内空气相对湿度控制在55%~65%。在子实体分化发育阶段，逐渐提高空气相对湿度至80%~95%，干湿交替有利于银耳子实体的生长发育。耳房相对湿度不足或干湿不均匀，会导致细嫩耳基和已形成的子实体枯萎。

（3）空气

银耳是好气性真菌，整个生长发育过程中始终需要充足的氧气，尤其是在发菌的中后期，以及子实体原基形成后，即呼吸旺盛的时期更需要加强通风换气，特别注意的是一定要温和地通风换气。所谓温和地通风换气是指保持空气新鲜、风速、气温和湿度适宜等。氧气不足时菌丝呈灰白色，耳基不易分化，在高湿不通风的条件下，子实体成为胶质团不易开片（图4-10）。即使成片蒂根也大，商品质量很差，易造成烂耳和

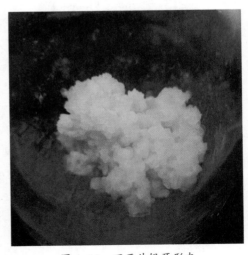

图4-10　不开片银耳形态

杂菌滋生。一般耳房内二氧化碳浓度高于0.1%以上就会对银耳子实体产生副作用，含量过高会导致子实体畸形。若室内栽培期间需要用煤火加温，一定要安装排气管排气。

（4）光线

子实体分化和发育阶段需要一定的散射光，不同的光照对银耳子实体的色泽有明显关系，暗光耳黄、子实体分化迟缓，适当的散射光，耳白质优；光线过暗，子实体分化迟缓，直射光不利于子实体的分化和发育。在银耳子实体接近成熟的4~5天里，室内应当尽量明亮，这样会使子实体更加质优色美，鲜艳白亮。

（5）酸碱度

银耳喜微酸，其孢子萌发和菌丝生长的适宜pH 5.2~5.8，pH低于4.5或高于7.2均不利于银耳孢子萌发和菌丝生长。

上述各种环境因子对银耳生长发育的影响是全面的、综合的。在栽培管理中，不能只重视某些条件而忽略其他条件，在银耳所要求的各种条件中，它们之间既有矛盾又互相联系。如室内栽培要求适宜的温度、适宜的空气相对湿度和充足的氧气。而加强耳房的通风换气，增加室内的氧气量，室温和空气相对湿度就下降，这就需要栽培管理者能科学地调控环境因子，确保各种环境条件能满足银耳生长发育的需求，才能获得高产、优质。

（二）菌种制作

银耳菌种的分级和其他食用菌一样的，分为母种、原种和栽培种，也叫一级种、二级种、三级种。但与其他食用菌不同的是，银耳母种（一级种）制作前要有一个试管种制作过程，这是因为银耳菌种是由银耳菌和香灰菌混合培养而成的。在各级菌种制作过程中还必须让银耳菌和香灰菌按比例协调地生长。福建省现代农业食用菌产业技术体系利用高通量测序技术，定量评估银耳菌和香灰菌不同配比对子实体形成的影响，结合感官指标，建立了一套科学易用的银耳菌种质量检测方法，为银耳菌种生产经营提供技术保障。以下简要介绍银耳制作的基本原理、制种工具、菌种场的布局、菌种制备流程。

1. 菌种制作的基本原理

银耳菌种是由银耳菌和香灰菌混合而成的，银耳菌种的制作需要通过纯培养的方法分别获得银耳菌和香灰菌，然后配对混合培养获得适合生产的菌种。野生和人工栽培时银耳菌和香灰菌都是混合在一起的，需要时应将银耳菌和香灰菌进行分离纯化。

（1）银耳菌丝的特点

不能降解天然材料中的木质纤维素，在木屑培养基中不能生长或生长速度极慢，仅在耳基周围或接种部位数厘米内生长，远离耳基、接种部位处没有银耳菌丝；银耳菌丝易扭结、胶质化形成原基（耳芽）；耐旱，在硅胶干燥器内2~3个月内不会死亡；不耐湿，在有冷凝水的斜面培养基上易形成酵母状孢子。

（2）香灰菌丝的特点

与银耳菌丝相反，香灰菌丝生长速度极快，不仅能在耳基周围或接种部位3厘米内生长，而且远离耳基、接种部位处也有生长；香灰菌丝生长后期会分泌黑色色素，使培养基变黑；香灰菌丝不耐旱，基质干燥后即死亡。

2. 制种工具

菌种制作中常用的工具有接种钩、接种环、手术刀、剪刀、镊子、接种铲、小铁锤、涂布棒、拌种机等（图4-11）。

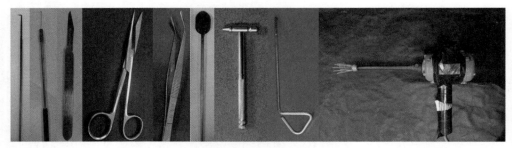

图4-11 制种工具
从左到右依次为接种钩、接种环、手术刀、剪刀、镊子、接种铲、小铁锤、涂布棒、拌种机

3. 菌种场的布局

菌种生产需要规范化的场所，银耳菌种厂都要具备原料仓库、培养基制作区、试管制作区、灭菌区、冷却室、接种室、一级种培养室、二级种培养室、三级种培养室、菌种搅拌室、菌种待发间等相应独立场所。场所布局是否合理，关系到工作效率和菌种污染率的高低。

银耳菌种厂布局（图4-12）应根据地形、风向安排走向，物料区、生产区和生活区处于下风口处，接种培养区处在上风口处。物料区、生产区和接种培养区应隔离开，安排生产线流向，防止有杂菌和无杂菌的互相交错。

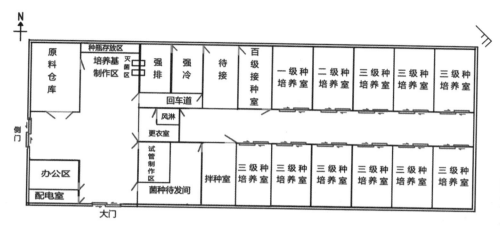

图4-12　银耳菌种厂平面布局示意图

4. 菌种制备流程

（1）试管种制作

在超净工作台内，母种制作应严格按照无菌操作规程进行。待接种针完全冷却后，挑取米粒大小的银耳菌丝接种在PDA斜面培养基或平板培养基中央，置于22~25 ℃下培养5~7天。待银耳菌丝长到黄豆大小时，再接入少许香灰菌丝，在同样温度下培养7~10天，即可形成白毛团。12~15天在白毛团的上方可见到有红、黄色水珠，说明银耳试管种制作成功（图4-13）。银耳菌和香灰菌的配对也可直接在母种培养瓶内进行，直接制成试管种。

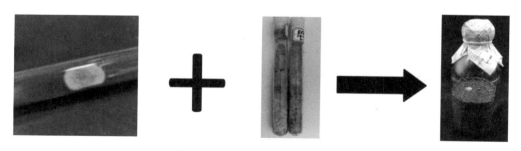

图4-13　银耳试管种的制作过程

（2）母种制作

母种制作（图4-14）是将试管种内配对形成的白毛团转接到木屑培养瓶的过程，一般每支试管种接种一瓶母种培养基。如果试管种不够，可将试管种配对处分割成4块（保证每块都有银耳菌丝最为关键），分别接入4瓶母种培养基，放于22~25℃下培养15~20天，料面会有白色菌丝团长出，并分泌澄清透亮水珠，随后胶质化形成原基，待形成乒乓球大小的银耳时，说明银耳母种制作成功。如果没有银耳纯菌丝配对成的试管种，可将银耳酵母状孢子经摇瓶后培养成芽孢母种，再接入瓶装木屑培养基制成的香灰菌母种中，混合培养而成。在培养过程中注意观察，剔除杂菌污染、萌发慢、瓶壁上的拮抗线、香灰菌爬壁能力弱、生长不整齐、吐水混浊、出耳不正常的（图4-15）。

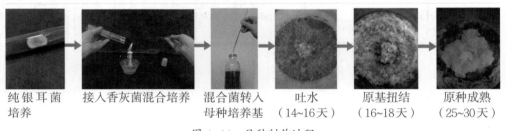

| 纯银耳菌培养 | 接入香灰菌混合培养 | 混合菌转入母种培养基 | 吐水（14~16天） | 原基扭结（16~18天） | 原种成熟（25~30天） |

图 4-14　母种制作过程
图示仅展示操作手法，操作过程严格按照无菌操作规程进行；图上原种标注有误，应为母种

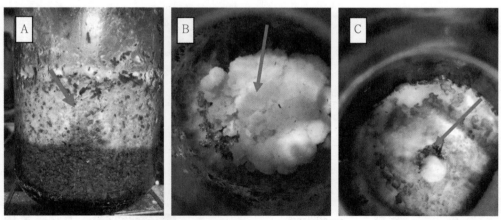

图 4-15　银耳母种不良症状
A. 菌种污染杂菌；B. 菌种中间长毛茸茸的白团；C. 耳基长白毛

（3）原种制作

原种制作（图4-16）与母种制作过程基本一致。选择菌龄25~30天、瓶内

银耳直径 3~5 厘米、朵形圆整、开片整齐的母种进行原种的制作。在超净工作台或接种箱中，按照无菌操作规程，破开母种瓶，小心去掉银耳子实体和表面的老化菌丝和"黑疤"点。用接种针挑取耳基下方 2~3 厘米半球内米粒大小洁白的菌丝块，接种到原种培养瓶内，塞上棉花塞，在 22~24℃恒温环境中培养。培养过程中应定期观察菌丝及银耳的生长情况，剔除不良的菌种。1 瓶母种可扩接30~40 瓶原种（二级种）。

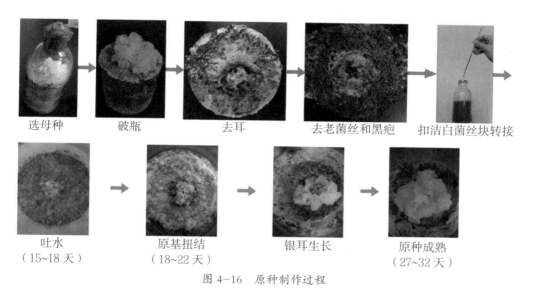

| 选母种 | 破瓶 | 去耳 | 去老菌丝和黑疤 | 扣洁白菌丝块转接 |

| 吐水
（15~18 天） | 原基扭结
（18~22 天） | 银耳生长 | 原种成熟
（27~32 天） |

图 4-16　原种制作过程

（4）栽培种制作

栽培种制作（图 4-17）与原种制作过程基本一致。选用 27~32 天、瓶内银耳直径 3~5 厘米、朵形圆整、开片整齐的原种进行栽培种的制作。在超净工作台或接种箱中，按照无菌操作规程，用接种铲小心去掉银耳子实体和表面的老化菌丝和"黑疤"点，然后用拌种机把根蒂结实的基质打碎和香灰菌搅拌混合均匀，用接种铲铲 2~3 勺约 5 克混合菌种接入栽培种培养基，振荡使菌种均匀分布于料面。一般每瓶母种或原种可接种 40~60 瓶栽培种。接种后置于 22~24℃下培养 8~12 天，香灰菌向下生长 3~4 厘米，培养基表面形成白色结实的白毛团，分泌少量无色澄清水珠，瓶壁有青黑色花纹，即为适龄的栽培种，可以用于菌棒生产。

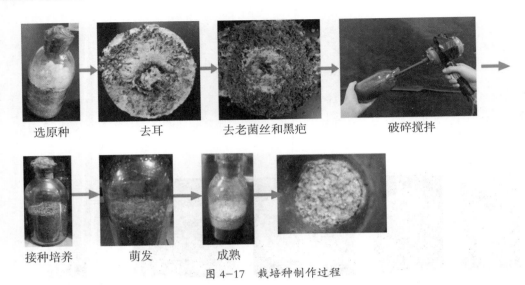

| 选原种 | 去耳 | 去老菌丝和黑疤 | 破碎搅拌 |

| 接种培养 | 萌发 | 成熟 |

图 4-17　栽培种制作过程

（5）栽培种销售、运输

在栽培种培养至适合菌龄即可进行销售，挑选无污染，香灰菌菌丝生长健壮、分布均匀、呈羽毛状，白毛团多且结实圆润，质优的栽培种搅拌后运至农户接种室内。注意在运输的过程中控制车厢内温度不高于 25 ℃，最好配备专门的菌种冷链运输车（图 4-18）。

图 4-18　菌种冷链运输车

5. 菌种质量检测

菌种质量检验是菌种生产经营重要环节，在菌种生产的各个环节都要注意检验，及时去除不符合质量标准的菌种。菌种质量检验主要从感官、杂菌及害虫、真实性、活力这 4 个方面进行检验，在菌种生产过程中发现任何一个方面不符合要求，即可判断菌种不合格。

（1）感官检验

感官检验是通过眼睛观察、鼻子闻、手触摸，必要时借助放大镜、显微镜等设备检验菌种的容器外观和菌丝体外观，有无光滑、润湿的黏稠物；在棉花塞、瓶颈交接处或培养基表面上有无与正常菌丝颜色不同的霉菌斑点；打开装有菌种的棉塞或盖，鼻嗅是否有酸、腥臭等异味。若出现上述 3 种情况之一，则判定有杂菌污染。

感官检验是实际生产中最常用的检验的方法。感官检验的要求详见表 4-1。

表 4-1　菌种感官要求

菌种级别	菌种容器外观	菌丝体外观
母种	标签应注明品种名称、菌种级别、接种日期、保藏条件、保质期、菌种生产单位名称等；菌种瓶应无破损、菌种瓶塞（盖）应干燥、洁净、无脱落、无异味、无杂菌、无害虫和其他污染物	白毛团应结实圆润；香灰菌丝爬壁呈羽毛状，分泌的黑色素均匀无杂色；无拮抗线；原基表面分泌液清澈透明；子实体耳片整齐、无异状
原种		白毛团应结实圆润；香灰菌丝爬壁呈羽毛状，分泌的黑色素均匀无杂色；无拮抗线；原基表面分泌液清澈透明；子实体耳片整齐、无异状
栽培种		培养基表面出现许多小而紧实圆润的白毛团；香灰菌丝生长健壮、分布均匀、呈羽毛状；无拮抗线

（2）杂菌及害虫检验

①显微检验：在显微镜下观察银耳菌种，正常的银耳纯白菌丝纤细、粗细均匀、有锁状联合、锁状突起小而少。正常的香灰菌丝细长，呈羽毛状分枝。

在培养物异样部位取少量菌丝体制片，置于显微镜下观察，若发现菌丝粗细大小、形状和锁状联合有无、突起大小及数量多少与正常银耳菌丝、香灰菌丝不一致时，或异样孢子存在，则判定不正常菌种，应去除不能用于生产。

②培养检验：在无菌条件下，取培养物上、中、下 3 个部位绿豆粒大小的菌种块，分别接入肉汤培养基和 PDA 培养基中，接种完的肉汤培养基在 35~38℃振荡培养 18~24 小时，若混浊则有细菌污染；接种完的 PDA 培养基在 25~28℃条件下培养 3~5 天，观察菌丝颜色、生长速度、菌落特征、有无孢子产生等，判定是否有霉菌污染。

③害虫检验：从菌种不同部位取少量培养物，放于白色搪瓷盘上，均匀铺

开，用放大镜或体视显微镜观察有无害虫的卵、幼虫、蛹或成虫，从而判定有无害虫。

（3）真实性及活力检验

①真实性检验：采用 ITS 序列分析，银耳菌种同时含有银耳的 ITS 序列标记和香灰菌的 ITS 序列标记；同时出现 535bp 和 910bp 两个片段，且满足其中535bp 片段序列与正常银耳的 ITS 序列相似率达 98% 以上，910bp 片段序列与正常香灰菌的 ITS 序列相似率达 99% 以上。符合上述条件，判定为银耳菌种，否则判定为非银耳菌种。

②活力检验：通过测定漆酶活力指标来判定银耳菌种的活力，银耳母种（一级种）漆酶活力达到 2.78IU/升以上、原种（二级种）漆酶活力达到 5.56IU/升以上、栽培种（三级种）漆酶活力达到 1.39IU/升以上，则判定其菌种活力强；达不到相应的指标，则判定其菌种活力弱。

同时，还采用 DNA 测序技术检测真菌保守性特异片段来检测菌种中含有银耳菌和香灰菌及银耳和香灰菌比例分析。试验表明，当银耳菌/香灰菌适宜比例为 1.25∶1 时，可充分利用菌包中营养物质，从而得到产生的子实体重量最高。

（三）银耳袋式栽培

银耳袋式栽培是当前银耳生产的主要模式，生产上靠经验管理，对银耳生产过程中关键的影响因素，如温度、湿度、光照、氧气等没有系统准确的认识，难于做到稳产。福建省现代农业食用菌产业技术体系通过银耳菌丝生长阶段和出耳阶段关键性变化指标的研究，提出银耳生产智能化调控和数字化管理技术参数，经熟化试验进行示范，取得了较好成效。

1. 工艺流程

银耳袋式栽培是利用塑料薄膜袋作为栽培容器进行生产，其工艺流程简单（图4-19）、投资成本低、生产效益好，为产区菇农开辟了一条增收致富的途径。

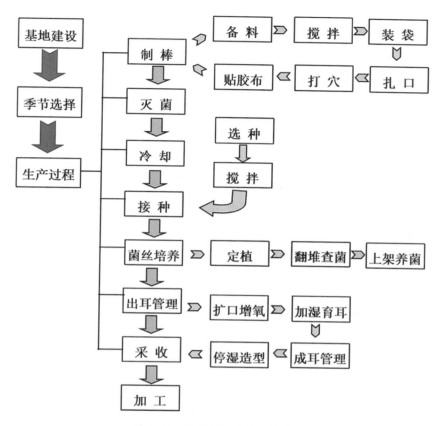

图4-19 银耳袋式栽培工艺流程

2. 基地建设

栽培基地要求建设在交通便利，水源充足、周围无污染源的地方，主要包括养菌房和出菇房（也称耳房）。养菌房要求隔热保温效果好、开窗时通风换气快。耳房（图4-20）要求能密闭保温，开窗时通风好，耳房外观结构，顶上采用"人"字形顶棚，墙体采用保温隔热效果好的材料建造，例如泡沫板、彩钢板。耳房长12~14米、宽4.0~4.5米、高4米，每间耳房有两个宽0.8~1.0米的走道，走道两端各一个门和一个侧窗，走道顶上开3个天窗，门约2米×0.9米，侧窗约0.9米×0.8米，天窗约0.9米×0.8米。耳房在每次使用前3~5天需进行杀虫、消毒。

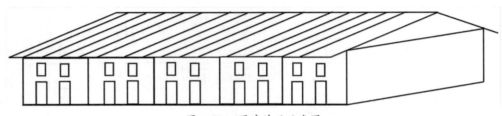

图 4-20　耳房外观示意图

栽培架（图 4-21）采用木质结构、镀锌钢管结构、塑包钢结构和不锈钢结构，层架宽 0.6 米、高 0.25 米，层数为 12~18 层。

木架　　　　　　　　　镀锌铁架

塑包钢架　　　　　　　不锈钢架

图 4-21　栽培架

3. 栽培季节

银耳属于中温恒温结实性菌类，出耳适宜温度为 20~24℃。自然条件下一年可以春、秋两季栽培，但通过设施设备调控，人为创造银耳适宜的生态环境，可实现工厂化周年生产。春季栽培在 3~5 月间，秋季栽培在 9~11 月。各地气候不同，要因地制宜，只需符合银耳生长的适宜温度范围，即可安排生产。银耳整个栽培周期为 35~40 天。其中菌丝生长阶段 15~20 天，发菌室温度要求 20~26 ℃，不超过 28℃；子实体生长期一般在 18 天左右，出耳房要求温度不超过 28℃。

4. 菌棒制备

（1）备料

银耳是以分解木质素和纤维素为碳源的木腐菌，栽培主料有阔叶树木屑、棉籽壳、甘蔗渣、玉米芯等，辅料常为麸皮、米糠、玉米粉、黄豆粉等。所有原料要求新鲜无霉变。棉籽壳、甘蔗渣等颗粒较小，晒干后可直接使用，不需再粉碎；阔叶树如杨、柳、果树、桑树、柞树等需粉碎成 2 毫米以内的颗粒，也可用木材切屑机一次把直径 14 厘米以下的枝切成木屑。陈旧的木屑比新鲜的木屑更好。配料前应将木屑用 2~3 目的铁丝筛过筛，防止树皮等扎破塑料袋。

生产前须按配方要求准备好各种原辅材料，以下配方有生产上常用的配方，也有试验研究的新配方，供参考。

配方 1：棉籽壳 85.5%、麸皮 13%、石膏粉 1.5%。

配方 2：莲子壳 40%、棕榈颗粒 40%、麸皮 18%、石膏粉 2%。

配方 3：莲子壳 50%、棕榈颗粒 15%、玉米芯 15%、麸皮 18%、石膏粉 2%。

配方 4（新配方）：棉籽壳 70%、麸皮 15%、玉米芯 14%、石膏 1%。

配方 5（新配方）：棕榈颗粒 36%、棉籽壳 48%、麸皮 15%、石膏粉 1%。

配方 6（新配方）：棉渣 25%、棉籽壳 59%、麸皮 15%、石膏粉 1%。

（2）拌料

按配方比例称取所需各种原料，采用手推车式、地陷式或漏斗式搅拌机进行搅拌均匀（图 4-22），含水量控制在 55%~60%。用手握料测定含水量，以指缝间无水迹、掌心有潮湿感为度（平放地面散开）。拌料时间不宜超过 3 小时，拌好后应立即装袋，防止培养料堆积发酵变酸。

图 4-22　搅拌过程
A. 手推车式搅拌机；B. 地陷式搅拌机；C. 漏斗式搅拌机

（3）菌棒制作

搅拌均匀后经传送带自动装袋机进行装袋、扎口、打孔、贴胶布（图 4-23），制作好的料棒放进灭菌小车上用铲车运到灭菌间内进行灭菌，塑料袋规格建议采用（13.5~14.5）厘米 ×55 厘米的聚丙烯塑料袋。

试验表明，采用 13.5 厘米 ×55 厘米的聚丙烯塑料袋制成的菌棒，比传统 12.5 厘米 ×55 厘米的聚丙烯塑料袋，单棒产量（干重）提高 3.68%、单棒利润提高 2%，单间菇房利润提高 0.35%。采用 14.5 厘米 ×55 厘米的聚丙烯塑料袋制成的菌棒，比传统 12.5 厘米 ×55 厘米的聚丙烯塑料袋，单棒产量（干重）提高 15.8%、单棒利润提高 20.4%，单间菇房利润提高 14.67%。采用 15.3 厘米 ×55 厘米的聚丙烯塑料袋制成的菌棒，比传统 12.5 厘米 ×55 厘米的聚丙烯塑料袋，单棒产量（干重）提高 30.9%、单棒利润提高 29.1%，但单间菇房利润反而下降 1.62%。因为同一间菇房容纳不同规格塑料袋制成菌棒的数量不同，随着塑料袋折径增大，菇房容纳的菌棒越少。

一个菇房容纳 12.5 厘米口径的菌棒 2520 个，容纳 13.5 厘米口径的菌棒 2480 个，容纳 14.5 厘米口径的菌棒 2400 个，容纳 15.3 厘米口径的菌棒 1920 个。可见，从生产效益角度分析，选用 14.5 厘米 ×55 厘米的聚丙烯塑料袋制成银耳菌棒为最佳方案。

（4）灭菌

料棒制作完成后须尽快灭菌，长久放置会使培养料中微生物大量繁殖而变酸，不利于银耳生长。灭菌锅有常压灭菌锅、微压灭菌锅和高压灭菌锅 3 种款式（图 4-24），袋式栽培通常采用微压灭菌锅或高压灭菌锅进行灭菌，灭菌温度 108~115℃，保持 15~18 小时，中途不能降温。达到灭菌时间后停止蒸汽供应，再闷数小时，待灶温降到 80℃以下，即可出锅冷却。

装袋　　　　　　　　　　　　　扎口

打穴　　　　　　　　　　　　　贴胶布

装框　　　　　　　　　　　　　进柜灭菌

图 4-23 制菌棒过程

图 4-24 灭菌锅款式
A. 常压灭菌锅；B. 微压灭菌锅；C. 高压灭菌锅

（5）冷却

冷却场所需要事先清洗干净并消毒，消毒方法可参照接种室消毒。然后把灭菌后的料棒搬入冷却室，"井"字形堆垛。若发现穴口胶布翘起或破袋，应立即用胶布加以贴封，以防杂菌侵入。搬运用具需垫一层麻袋，以防刺破塑料袋。

5. 接种

当料棒温度降至 30 ℃以下时可进行接种，若料温超过 30 ℃接种块会烫伤甚至烫死。接种之前需要对接种室进行消毒，并将菌种进行预处理。

（1）菌种预处理

选用符合银耳质量要求的优良菌种，并在接种前 12~24 小时进行拌种。拌种需在超净工作台或接种箱中采用银耳菌种专用搅拌机进行搅拌，使料面 1 厘米左右的银耳菌丝和下部香灰菌丝混合均匀。

（2）接种室消毒

接种室使用前应清洗，通风晾干后密闭起来消毒，消毒方法有 3 种，即用福尔马林（5~10 毫升 / 米²）或气雾消毒剂（3~5 克 / 米²）熏蒸 2 小时，或者用每小时产生 50 克臭氧的移动臭氧机两台消毒 2 小时。福尔马林具有刺激性气味，接种之前需加热氨水或碳酸氢铵散出氨气中和福尔马林。气雾消毒剂刺激味小，消毒后可直接进行接种，但是容易对彩钢板墙体的标准菇房造成腐蚀。臭氧消毒清洁无异味无残留，但臭氧机器工作时应避免人员进入。

（3）接种

接种时在专用的接种桌上进行，一手撕起穴口上的胶布，另一手持接种器接种，随后把胶布粘回接种穴。另有 2~3 人搬动、堆垛菌袋。接种时应注意，穴内菌种要比胶布凹 1~2 毫米，这样有利于银耳白毛团的形成并胶质化形成原基。一瓶菌种一般接种 20~25 棒（60~75 穴）。

6. 栽培管理

（1）发菌管理

① 菌棒堆放：接种后应及时将菌棒移至培养室培养。一般按每排 3~4 个菌棒，横竖交错呈"井"字形堆放。堆高根据气温情况灵活掌握，一般不超过 1.5 米，高温季节每排 3 个，堆高不超过 1 米，冬季每排 4 个，堆高也应相应高些。

②发菌培养：菌丝培养各环节操作规程、技术参数详见表 4-2，培养温度保持在 24~26℃。定植期春秋季节 3~4 天，冬季 5~6 天，定植后即可进行翻堆查菌，剔除污染的菌袋，防止污染扩散；同时，翻堆有利于促进堆间氧气更新，促进菌丝生长一致。翻堆后菌丝的新陈代谢加快，棒内温度逐渐升高，需将发菌室温度调至 20~24℃，并要经常检查棒内温度，棒温不超过 26℃，这时若棒内温度高，要将菌棒疏散开，及时通风降温；当发菌温度较低时，应减少通风，将菌棒集中保温。

在菌丝培养期间，培养室内相对湿度应保持在 70% 以下，相对湿度过高，环境中杂菌数量多，易引起杂菌感染；相对湿度过低，菌棒内水分损失加快，不利于银耳出耳期的管理。接种后 10 天，菌棒的呼吸作用弱，每天适当通风换气，保持室内空气新鲜即可；随着菌丝生长，菌丝呼吸作用将加强，此时应及时排开菌棒，菌棒之间保持 2 厘米的距离，以利于通气和散热。实时检查并处理菌种不萌发、杂菌污染的菌棒。

表 4-2　菌丝培养管理要点

培育天数 / 天	生产状况	作业内容	环境条件要求			注意事项
			温度 /℃	相对湿度 /%	每天通风	
1~3	接种后菌丝萌发定植	菌棒重叠室内发菌，保护接种口的封盖物	26~28	55~65（自然）	不必通风	弱光培养、室温不得超过 30℃
4~8	穴中凸起白毛团，袋壁菌丝伸长	翻棒检查杂菌，疏棒调整散热	23~25	自然	2 次各 10 分钟	防止高温，弱光，室温低于 20℃ 时，需加温
9~12	菌落直径 8~10 厘米白色带黑斑	耳房消毒，床架刷洗消毒，菌棒搬入耳房排放床架上，每天轻度喷水 1~3 次	22~25	75~80	3~4 次各 10 分钟	室温不超过 25℃，注意通风换气
13~16	菌丝基本布满菌袋，穴中出黄水珠	撕掉胶布，覆盖报纸，喷水加湿，掀纸增氧	22~25	85~90	3~4 次各 20 分钟	菌棒穴口朝侧向，让黄水自穴外流

（2）出耳管理

当菌棒两个接种口生长出来的菌落边缘开始交叉时，可以割膜扩口，进行出耳管理。各环节操作规程、技术参数详见表4-3。

表4-3　出耳管理技术要点

培育天数（d）	生产状况	作业内容	环境条件要求			注意事项
			温度/℃	相对湿度/%	每天通风	
16~19	菌丝继续生长，两孔间菌丝交叉，从穴口附近开始转色	割膜扩口1厘米，菌棒穴口朝下放置在层架上，调整菌棒间距3~4厘米，覆盖无纺布或报纸，喷水保持湿润	22~25	85~90	3~4次各20分钟	
20~22	淡黄色原基形成，原基分化出耳芽	喷水保湿无纺布或报纸的湿润	20~22	90~95	3~4次各30分钟	室温不低于18℃，不高于28℃，适时采取升降温措施
23~28	朵大3~6厘米，耳片未展开，色白		20~24	90~95	3~4次各20~80分钟	耳黄多喷水，耳白少喷水，结合通风，增加散射光
29~32	朵大8~12厘米，耳片松展，色白	翻筒，耳片朝上，避免耳片接触层架影响朵形和造成烂耳	20~24	90~95	3~4次各20~30分钟	以湿为主，干湿交替，晴天多喷水，结合通风
33~38	朵大12~16厘米；耳片略有收缩，色白，基黄，有弹性	停止喷水，控制温度，成耳待收	20~23	80~85	3~4次各30分钟	注意通风换气，避免温度急剧变化
39~43	菌棒收缩，耳片收缩，边缘干缩	采收	常温	自然		

7. 采收加工

银耳成熟后应及时采收，采后应及时分选，用锋利的小刀削去蒂头上的栽培料及污染部分，然后放入清水池中浸泡清洗，这样可使耳片更加饱满、舒展、透亮。经此步骤烘干后朵形更加圆正、美观，产品质优。将清洗干净的银耳依次排列放于竹筛上，控制好每朵间的间距。清洗后进行烘干，目前干燥方法有热风烘干和冷冻干燥两种，冷冻干燥虽耗能高，但近来冻干产品畅销且价格高，也受到产区菇农的青睐。热风干燥有锅炉热风烘干和空气能热泵烘干两种方式。两种方式都是将清洗沥干后的银耳放入烘干设备中脱水烘制，刚开始应猛火快烘使设备内迅速升温，使温度逐步上升到70~80℃，2~4小时为一个周期进行调筛、翻面、出厢。出厢后堆叠在洁净空旷干燥的地方降温回潮，因为刚出厢的银耳温度较高，含水量不到4%，耳片太脆，不宜直接包装（图4-25）。

图4-25　银耳采收烘干过程
A.削蒂头；B.清洗；C.排筛；D.沥水；E.烘干；F.摊凉；G.装袋

（四）银耳瓶式栽培

银耳瓶式栽培在袋式栽培基础上进行革新，采用机械化生产、自动化控制、智慧化管理，在提高工效、减少用工、降低污染、提升品质等方面具有明显优势，但在病害防控、固体菌种质量控制、液体菌种应用等方面还存在薄弱环节。福建省现代农业食用菌产业技术体系针对企业生产的问题开展技术攻关、熟化与示范应用，集成一套银耳瓶栽提质增效技术，供参考借鉴。

1. 配料

（1）配方及要求

栽培基质配方是获得银耳高产的物质基础，对企业来说，一旦确定配方就不会轻易改变。瓶栽银耳配方：棉籽壳 57%，麸皮 17%，玉米芯 25%，石膏 1%。

对原料来源、质量把控也是比较严格。棉籽壳不选用榨油后或掺沙土的棉籽壳，应选择中壳中绒或中壳长绒的棉籽壳，小壳的棉籽壳因密度过紧会使瓶内银耳菌丝缺氧，大壳的棉籽壳因结构疏松会使瓶内基质容易失水。麸皮应选择新鲜、无杂质、无虫的红色粗麸皮，由于麸皮吸水膨胀率较高，生产上不宜过量添加麸皮，以免影响瓶内银耳菌丝的透气性。

（2）拌料

拌料采用机械拌料方式，按配方比例将原辅材料倒入拌料机里，先干拌 10 分钟，再加水拌匀，抽样通过水分测定仪进行测定，含水量控制在 60%~61%。

2. 装瓶

将配好的料通过自动装瓶生产线进行装瓶（图 4-26），共有 6 个工序，一是自动装瓶，将栽培基质通过全自动装瓶机装入栽培瓶里，并将栽培瓶自动输出。二是自动打孔，将栽培瓶内的基质进行一次性打 1 个或 5 个孔，并将栽培瓶自动输出。三是自动盖内盖，通过内盖机将栽培瓶的瓶口进行自动盖内盖，并将栽培瓶自动输出。四是自动盖外盖，通过外盖机将栽培瓶的瓶口进行自动盖外盖，并将栽培瓶自动输出。五是自动码垛，将栽培瓶通过码垛机进行自动码垛（图 4-27），然后移至灭菌车间进行灭菌。

图 4-26　装瓶生产线

图 4-27　自动码垛

3. 灭菌

采用高压灭菌方式进行灭菌（图 4-28），全程灭菌时间需要 5~6 小时。当灭菌柜的温度达到 105℃时，维持时间 20 分钟；当灭菌柜的温度调达到 105~115℃时，维持时间 30 分钟，当灭菌柜的温度达到 125℃时，维持时间 120~180 分钟。然后，关掉灭菌柜内的加热装置，让栽培瓶在灭菌柜内闷 120 分钟。灭菌结束后，将栽培瓶移至冷却室内进行冷却。

4. 冷却接种

栽培瓶移至冷却室后，先打开风机，将经过过滤处理后的外界空气进入室内，使得室房内温度降到 35℃左右，然后打开制冷机，使得室内温度降至 18~22℃，时间控制在 12 小时。

图 4-28 数控高压灭菌柜

冷却结束后，通过输送带将栽培瓶移至接种室进行接种（图 4-29），接种采用接种机自动接种（图 4-30）。菌种可采用固体菌种，也可采用液体菌种。试验表明，与固体菌种相比，液体菌种出耳快 1~2 天，耳片更伸展，蒂头更小，银耳蒂头占总重量比重降低 29.4%，且液体菌种的生产成本低。但液体菌种应用在设备、技术等方面要求更高。

图 4-29 接种室

图 4-30 接种生产线

5. 养菌管理

将栽培菌瓶通过输送带移至养菌车间，采取分库分次培养方式，培养库内相对湿度控制在 50%~75%，二氧化碳浓度控制在 0.2%~0.45%。前期采取大库集中培养（图 4-31），堆放密度 1200~1300 瓶 / 米²。培养温度分两段控制，接种后 7 天，培养温度 26~28℃；接种后第 8~12 天，培养温度降至 23~25℃。后期采取层架培养（图 4-32），当菌丝生长至瓶内料面高度 1/2 时，应将栽培菌瓶移至层架式库房内继续养菌，培养温度降至 21~22℃。

图 4-31　前期大库培养

图 4-32　后期层架培养

培养结束（接种后 20 天左右），将培养好的菌瓶通过输送带移至脱盖车间，先脱去外盖，外盖通过输送带传送回装瓶车间重新利用，然后清扫内盖表面，将菌瓶翻转倒置，通过输送带移至出耳房进行出耳管理。

6. 出耳管理

将脱盖后菌瓶移至已消毒的出耳室进行出耳管理（图 4-33），出耳分前期、中期和后期管理。

（1）前期管理（1~10 天）：进入出耳室的菌瓶，瓶口倒立摆放在出耳架上进入前期管理。此阶段重点保持出耳室空气新鲜，促进原基形成。温度控制在 23~25℃，空气相对湿度控制在 98%以上，二氧化碳浓度控制在 0.2%~0.4%，光照强度控制在 500 勒，诱导原基形成及促进幼耳生长。3 天可见原基冒出，5天原基明显突起，8 天耳蕾覆盖出耳口。

（2）中期管理（11~17 天）：当子实体长至 8~10 厘米时开始翻筐，瓶口朝上进入中期管理。此阶段重点防止室内换气后温差过大，形成叶片积水导致烂耳。培养温度控制在 22~23℃，利用超声波加湿器进行加湿，相对湿度控制在 90%~95%，二氧化碳浓度控制在0.2%~0.3%。

（3）后期管理（18~23 天）：当子实体长至 12~14 厘米、叶片大部分连

图 4-33　出耳室

接时进入后期管理。此阶段重点应停止喷水，降低子实体含水量，让耳片自然收缩。相对湿度控制在 80% 以下，培养温度控制在 22~25℃，二氧化碳浓度控制在 0.2%~0.4%。

7. 采收与干制

（1）采收

当子实体成熟时，将菌瓶通过输送带移至采收车间进行采收（图4-34）。采收时用刀具沿子实体基部一次性收割，并将银耳蒂头清理干净，然后放入清洗车间进行自动清洗（图4-35），清洗时间20~30分钟。

图4-34　采收车间

图4-35　清洗车间

（2）干制

清洗好的银耳置于筛片上（图4-36），移至旋流式烘干机进行自动烘干（图4-37），烘干温度从低到高，通风量从大到小，烘干温度65~85℃，烘干时间12~14小时。

图4-36　排筛

图 4-37　旋流式自动烘干机

（五）银耳病虫害绿色防控措施

1. 工厂化银耳袋栽霉菌防控

（1）绿霉

针对夏季工厂化银耳袋栽易受绿霉污染问题，开展出耳菌棒扩口大小及温度对银耳产量和污染率研究。结果表明："中扩口"（口径 5 厘米）绿霉污染率比"大扩口"（口径 8 厘米）降低了 31.74%，而且银耳蒂头小，产品质量好；"小扩口"（口径 2 厘米）绿霉污染率虽比"中扩口"低一些，但产量不及"中扩口"的 1/3。从生产效益的角度分析，夏季工厂化银耳袋栽扩口应以"中扩口"为宜。低温（22℃）环境下出耳绿霉污染率比中温（24℃）环境下降 5.3%、比高温（26℃）环境下降 27.8%，且低温环境下出耳产量最高，略高于中温环境，比高温环境提高 25.91%。从生产效益的角度分析，低温（22℃）环境下出耳不仅绿霉污染率低，而且产量也高。

（2）白色霉菌病

该菌属于瘤黑粉菌属，导致银耳子实体上有一层白色粉末覆盖，其孢子散发引起交叉感染（图 4-38）。该杂菌主要由不干净的水源引发的。防控措施为生产用水应使用洁净的水源，并定期检查水质。

图 4-38　白色霉菌病症状

2. 工厂化银耳瓶栽"棉花扎"防控

"棉花扎"是银耳栽培中的一种病害，表现为不形成子实体，或形成的子实体极小，且子实体呈现棉花状。针对工厂化银耳瓶栽"棉花扎"为害问题（图4-39），开展了形态学观察、菌丝培养观察和基因组测序分析。结果表明：发生"棉花扎"病害的接种块菌丝不正常生长，甚至菌丝发生退化，致使无法形成致密菌丝块（硬块），阻碍了营养从底部基质向子实体输送；

图4-39 "棉花扎"与正常银耳表征
左右正常、中间不正常

"棉花扎"病害的香灰菌较气生菌丝致密、白，菌丝生长缓慢，甚至生长一段时间后停止生长或菌丝自溶，培养基不转色，菌丝不分泌黑色素；"棉花扎"菌株的线粒体基因组无法组装成完整的环状结构，为片段化序列。为此，当发生"棉花扎"病害时，应对银耳菌种中香灰菌进行纯化，保证银耳菌种（银耳菌与香灰菌混合）质量，可以有效地降低"棉花扎"病害的发生率。

3. 季节性银耳袋栽病虫害防控

（1）杂菌病害

① 霉菌：主要有链孢霉和绿色木霉两种。

链孢霉：该菌发生在接种后菌棒的培养基或接种口上，有的也发生在菌棒两端（图4-40）。初期呈绒毛状，白色或灰色，后期呈黄色、橙红色或粉红色，孢子很容易随气流在空气中传播。菌棒一经污染会抑制银耳菌丝的生长，破坏培养基营养成分，受其

图4-40 链孢霉感染

侵染的菌袋出耳率降低，耳片正常伸展受影响，朵形小、产量低，而且很难彻底清除，常引起整批菌种或菌棒报废，造成毁灭性损失。

绿色木霉：该菌发生在银耳菌丝培养和子实体生长发育阶段，前期菌丝呈白色，逐步变成浅绿色、深绿色，受其污染的培养基变成黑色，发臭松软（图4-41）。在银耳出耳后期，绿霉污染侵害耳片，先是在耳基部或者耳片产生绿色的霉状物，接着发生腐烂，致使整朵银耳萎缩死亡或者腐烂。在高温季节，培养料偏酸性且含水量高、菇房相对湿度大、通风不良，故容易发生绿霉的污染。

图 4-41　绿霉感染

防控措施：应把好以下6个关键环节，一是把好卫生关。菇房内部及周围卫生要清理好，及时去除周围杂草，并定期采用生石灰作消毒剂对周围环境进行消毒，杜绝污染源。二是把好原料关。妥当保管好棉籽壳、麸皮等易发霉变质长螨的原料，使用前应经过暴晒。三是把好灭菌关。菌棒要严格按灭菌程序进行灭菌，宜采用智能控制的灭菌设备设施，防止灭菌不彻底引起的隐性污染。四是把好接种关。严格执行无菌操作规程，接种时做到"三消毒"，即空房事先消毒、料棒进房再次消毒和接种时通过酒精灯火焰消毒。五是把好养菌关。银耳菌丝发育最佳温度为25~28 ℃，不超过30 ℃。发菌培养基要求干燥，冬天加温发菌宜采用电加热，接种后菌棒可用棉被围罩保温，3天后揭开通风翻袋。菌棒料面发现绿霉时，可注射5%石炭酸混合液或75%百菌清可湿性粉剂1000~1500倍液于受害部位；污染面较大的采取套袋，重新灭菌、接种。六是把好出耳关。应注意控温、控湿、控光、增氧，创造适合银耳子实体生长发育的环境条件，适度喷水，防止过湿，尤其是幼耳阶段，喷水宜勤宜少，发现绿霉时用草木灰覆压霉菌处，防止霉菌孢子飞扬传播，局部喷洒75%福美双可湿性粉剂1000~1500倍液；成耳期发现病害则提前采收，避免扩大污染。

②白腐菌：常在银耳菌丝生理成熟时从接种口侵入，形成肿瘤状凸出物（图4-42）。前期菌丝白色粉状，后期呈灰白色，受其危害，培养基变黑。白腐菌主要腐蚀银耳原基，造成原基腐败，不能出耳。也有的侵染耳片，附着产生一层白色粉状孢子，抑制耳片生长，使其变成不透明的僵耳。每年春秋发生率较高，耳房通风差、高湿闷热容易引起此病大发生。尤其是冬季实施室内加温，容易造成银耳缺氧和一氧化碳中毒，使抵抗能力减弱，易致发病。

防控措施：搞好环境卫生，加强栽培房棚通风，降低空气相对湿度。发病后，幼耳可喷洒石灰硫黄合剂药液。成耳提前采收，并用利刀连根刮去。为防止耳基残留病菌，应涂4%的石炭酸溶液，喷洒1次75%百菌清可湿性粉剂1000倍液或50%甲霜灵可湿性粉剂1000倍液，或在傍晚日落之后用50%腐霉利粉剂进行熏蒸。

图4-42　白粉病

③红耳病：常发生在温度25~30℃、通风不良、喷水过多的耳房里，使用受深红酵母菌污染的水喷洒也容易得红耳病，发生此病的耳房往往会连续发生（图4-43）。染病的银耳子实体不再长大，耳片及耳根变成红色，其颜色随发病程度加重而加深，最后消解腐烂。腐烂后的汁液带有大量的病菌，粉红单端孢霉的孢子可以在空气中传播，容易蔓延为害，严重破坏银耳生产。

图4-43　红耳病

防控措施：保持耳房清洁卫生，接种后适温养菌，让菌丝正常发透；出耳阶段喷水掌握轻、勤、细，及时通风，防止高温高湿；用清洁不带病菌的水源，每次喷水后及时通风；耳房尤其是老耳房要严格消毒。可施用浓度为 0.3% 的氧代赖氨酸，阻止深红酵母菌侵染银耳子实体。幼耳阶段受害时，可喷洒 1 次 20% 三唑酮乳油 1500 倍液；成耳发病要及时摘除，挖掉周围被污染部位，并喷洒新植霉毒 4000 倍液，或 5% 异菌脲可湿性粉剂 1000 倍液。

④ 黑蒂病：常发生在银耳子实体成熟采收时，蒂头出现烂黑或黑色斑点，影响商品外观和等级。常为发菌阶段培养室温度过高所致，菌丝分泌出大量黑色素于穴口流出。穴口揭布割膜扩穴过迟、幼耳阶段侵染头孢霉等也可导致发病。

防控措施：发菌培养注意控温，气温超过 28 ℃应及时进行疏棒散热，夜间门窗全开，整夜通风；适时开口增氧割膜扩穴；幼耳阶段喷水宜少宜勤，防止耳基旁积水，并注意通风换气。对黑蒂的成耳，采收后用尖刀挖除烂部，切成小朵洗净，加工处理成剪花雪耳。

⑤ 杨梅霜病：常发生于夏秋之交气温较高的季节，菌种受污染在瓶壁出现斑点状白色菌落，接到菌棒后，受侵染后白毛团萎缩并逐渐干枯，用手指一压即成粉末状，且闻有虮臭味道，风吹即散，造成出耳不规整或不出耳（图 4-44）。

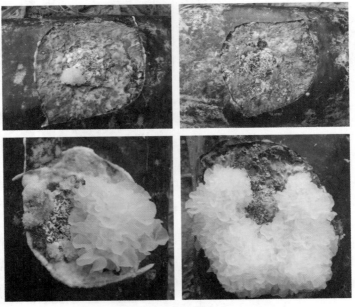

图 4-44　杨梅霜病

防控措施：菌种基内分离时，要严格检测分离材料是否有不明菌体，堵住病菌源头；同时优化菌种，提高其抗杂能力；接种时回避高温期，降温到 25 ℃以下，适时开口增氧，喷雾增湿；做好通风换气工作，保持房棚内空气新鲜，促进白毛团在适宜的环境中尽快形成原基，免遭其害。另外，抗菌素 S95-3（福建省微生物研究所）对杨梅霜病有较好的防治效果。

⑥僵缩病：发生在袋栽银耳子实体上，以未开片的耳基上发生较重，春季接种栽培的发生较多。耳基受侵染后，僵缩不长，颜色变成淡褐色或暗褐色；也有的耳基仅部分受侵染，未受侵染部分继续开片长大。在潮湿条件下，发病的子实体表面长出一层灰白色霉状物。染病严重时，耳片僵缩萎黄并转变为腐烂状，不再生耳基，产量损失大。

防控措施：选择优良菌种，保证银耳菌丝与香灰菌的比例合适、活力强盛；原料暴晒，配制培养料不宜过湿，料袋灭菌要彻底；选择午夜接种，严格执行无菌操作；割膜扩穴后调控适温，空气相对湿度 80%。幼耳阶段发病可喷洒 pH8 的石灰上清液或 20% 三唑酮乳油 1500 倍液。成耳期发病，子实体提前采收，用 5% 石灰水浸泡，经清水洗净后烘干。子实体采收后，及时清除病耳、菇房及周围环境的有机质，减少病菌侵害。

（2）虫害

①螨虫：常见的有蒲螨和粉螨两种。蒲螨体积很小，肉眼不易看清，多群集成团，呈现咖啡色，是银耳生产中重点防治的类群。粉螨体积稍大，白色发亮不成团，数量多，成粉状。这些螨类主要由棉籽壳、麦皮、菌种和苍蝇等带进菇房，或由旧菇房残留下来。害螨多喜温暖、潮湿环境，环境不良时可变成休眠体，能吸附在蚊蝇等昆虫体上传播。这两种螨繁殖速度很快，在 22 ℃下 15 天就可繁殖一代。螨类以吃银耳菌丝为生，被害的菌丝不能萌发，直至最后菌丝被吃光和死亡。菌棒受螨害后，接种口的菌丝稀疏。如果出耳阶段发生螨类，就会造成烂耳或耳片畸形。螨类难以根除，以防为主。

防控措施：一要保持栽培场所及周围清洁卫生，耳房要远离鸡舍、猪圈、料房。二要严格耳房消毒。在菌棒进房前，对空房彻底消毒，可采用无毒物理杀虫矿粉 celite 610 直接喷洒，也可用气雾消毒盒，加清水拌成消毒液，喷洒四周。三要科学处理螨虫。在接种口胶布揭开前发生螨虫，可用灭扫利等广谱低毒农药，按规定用量喷洒，关闭门窗杀死螨类，然后通风换气，待农药的残余气味彻底排除后再揭开胶布。在子实体生长前期发现螨虫，可用新鲜烟叶铺在有螨虫的菌棒旁，待烟叶上聚集螨时，取出用火烧死。但应注意在子实体生长阶段禁止使用农药。

②尖眼菌蚊：银耳栽培危害极大的一种害虫，幼虫白色，近透明，体型小如头发丝，色白，发亮，3~5天就变成黑褐色有翅膀的菇蚊。菇蚊对银耳的危害常发生在银耳扩穴后的出耳阶段，幼虫既咬食子实体又潜入较湿的培养基内啃食银耳菌丝和原基，受害后导致烂耳，严重时甚至导致子实体干缩死亡。成虫虽不会直接对银耳造成危害，却是各种病害和螨的传播者，而且可在培养基中产卵，虫卵发育成幼虫后危害银耳。

防控措施：一要保持好环境卫生，耳房门窗及通气口装配60目纱窗，去除周围环境的杂草等适宜蚊虫生长的环境，及时采摘被害子实体并清除残留物，涂刷石灰水或撒石灰粉杀灭虫源。二要采用物理措施防杀蚊虫，用黑光灯诱杀或蚊香、卫生丸粉熏烟。三要采用生物防治蚊虫，可选用BT生物杀虫剂，该制剂含有对双翅目虫害有专一胃毒作用的毒蛋白晶体，对其他微生物和人畜无害。1200IU/毫克制剂稀释500~800倍喷雾使用，持效期长。三用蚊香或卫生丸粉熏烟。

③线虫：多发生闷湿、不通风的耳房里，繁殖很快，幼虫2~3天就发育成熟，并再生幼虫，雌虫每次可产卵8~12枚。线虫主要由培养料和水源带进菇房，分泌唾液，蛀食耳基，使耳片得不到营养而枯死腐烂，从而导致其他细菌霉菌复合感染，使银耳腐烂加剧。

防控措施：培养料灭菌要彻底，水源应检测，耳房事先严格消毒。喷水不宜过湿，并注意通风。若在耳芽出现时发生线虫，可用0.5%石灰水或1%食盐水，在阴凉天喷几次，并在耳房地面撒石灰粉消毒。

（撰稿：孙淑静　张琪辉　李佳欢　黄暖云　胡开辉　金文松　钱鑫
赖淑芳）

五、灵芝

　　灵芝，又名赤芝、红芝，隶属真菌界、担子菌门、层菌纲、多孔菌目、灵芝科、灵芝属。

　　灵芝子实体（图5-1）外形呈伞状，菌盖肾形、半圆形或近圆形，直径10~18厘米，厚1~2厘米。皮壳坚硬，黄褐色至红褐色，有光泽，具环状棱纹和辐射状皱纹，边缘薄而平截，常稍内卷。菌肉白色至淡棕色。菌柄圆柱形，侧生，少偏生，长7~15厘米，直径1~3.5厘米，红褐色至紫褐色，光亮。当灵芝成熟时，从灵芝子实体菌盖底面的菌孔中，会弹射出极其微小的卵形生殖细胞，称之为"灵芝孢子"。灵芝孢子是灵芝发育后期弹射释放出来的担孢子，集中起来后呈粉末状，称为灵芝孢子粉（图5-2）。

图5-1　灵芝子实体

图5-2　灵芝孢子粉

灵芝作为传统中药，最早收载于《神农本草经》，迄今已有2000余年的历史。具有"补心、肝、肺、脾、肾五脏之气"兼"补精气""安神""增智慧""久食轻身不老"等功效。2020年，《中国药典》将灵芝列为药食同源食药用菌。现代药理研究表明，灵芝及其相关产品具有很强的免疫调节功能，能改善患者睡眠，增加食欲，还能够防治冠心病、高血压、糖尿病、肝炎，以及有抑制肿瘤等作用。灵芝及其系列产品畅销全球，市场前景较乐观。

武夷山脉是中国灵芝最负盛名的产区。灵芝分布在武夷山、浦城、顺昌等县市。随着灵芝生产的发展和品牌意识的增强，南平市正在申请"武夷灵芝"国家地理标志保护，提升地方产品的知名度，加速闽北地方特色产业升级发展。福建省现代农业食用菌产业技术体系针对灵芝生产存在栽培模式单一、病虫为害、连作障碍等问题展开研究，集成一套灵芝提质增效技术进行示范推广，取得较显著的经济效益、社会效益和生态效益。

（一）生活条件

1. 营养需求

灵芝属于木腐生菌类，野生灵芝通常生长于阔叶树的枯木树桩上，依靠灵芝菌丝的酶系分解枯木中纤维素、半纤维素、木质素等，生成供其生长发育所需的各种营养物质。人工段木栽培灵芝的营养是从壳斗科、杜英科、金缕梅科、蔷薇科、桦木科、山茶科等阔叶树枝桠材中获得，人工代料栽培灵芝的营养是从阔叶树杂木屑、棉籽壳、玉米芯及麦麸、米糠、豆粉等合成培养基质中获得。

2. 环境条件

栽培场地应选择生态环境良好、地势平坦、通风向阳、土质疏松、排灌方便、无污染、无洪涝灾害的地块，避免利用严格管控类及矿区、冶炼厂周围的地块，海拔高度以300~600米为宜，生产用水不能使用污水，水质应符合《生活饮用水卫生标准》（GB 5749-2022）。

（二）灵芝代料栽培

1. 栽培季节

灵芝菌丝体生长温度 10~38℃，最适温度 26~28℃；子实体生长发育温度 18~30℃，最适温度 25~28℃。应以适合子实体生长发育的温度为依据，结合当地气候条件，合理安排栽培季节。以福建省南平市为例，制袋时间为 1 月下旬至 2 月上旬，出芝时间为 3~9 月。采用室内栽培（图 5-3）、室外大棚栽培的栽培季节应适当提前或延后。

图 5-3　室内栽培

2. 菌袋制作

（1）培养基配方

培养基是灵芝代料栽培产量与品质的物质基础。传统栽培以阔叶树杂木屑为栽培主料，为丰富栽培原料种类，开展了替代阔叶树杂木屑的配方优化试验。结果表明：棉籽壳、玉米芯可以完全代替或部分代替阔叶树杂木屑，当配方中阔叶树杂木屑与棉籽壳比例为 1∶1 时，其产量达到最高值，而且加入棉籽壳还能有效提高灵芝子实体中多糖含量。经生产实践与试验研究，推荐以下培养基配方。

①木屑 73%、麦麸（米糠）15%、薏米壳 7%、玉米粉 3%、蔗糖 1%、石膏 1%。

②棉籽壳 83%、玉米粉（麦麸）15%、石膏 1%、蔗糖 1%。

③棉籽壳 44%、木屑 44%、麦麸（米糠）10%、石膏 1%、蔗糖 1%。

④玉米芯 75%、麦麸 23%、石膏 1%、蔗糖 1%。

（2）拌料

按配方备好各种原辅材料，采用料槽式拌料机进行拌料，先干拌后加水拌均，不同原料的料水比不同，木屑培养基的料水比为 1：1.2、棉籽壳培养基的料水比为 1：1.3。培养基含水量控制 60%~65%，以料袋不积水为宜。

（3）装袋

拌好料应及时装袋。采用装袋机进行装袋，料袋规格要根据生产需要而定。如果以采收子实体为主的塑料袋选用大一些规格，塑料袋可采用低压聚乙烯塑料袋，也可采用高压聚丙烯塑料袋，袋折径长度厚度选用（20~22）厘米 ×（38~40）厘米 ×（0.0045~0.04）厘米；如果以采收孢子粉为主的塑料袋选用小一些规格，折径长度厚度选用 17 厘米 ×35 厘米 ×0.04 厘米。

（4）灭菌

①常压灭菌：采用聚乙烯塑料袋的料袋宜用常压灭菌，其灭菌原则为攻头、控中、保尾。具体操作要点是起始火候要足，让料温迅速达到 100℃，稳火保持 8~12 小时，中间不能让温度低于 100℃，然后退火再闷 2~3 小时让料袋缓慢降温，待料袋温度降至 70~80℃，趁热将料袋移至冷却室冷却。搬运过程中要轻拿轻放，以免袋子扎孔，导致杂菌污染。如发现破裂料袋，及时挑出。

②高压灭菌：采用聚丙烯塑料袋的料袋宜用高压灭菌，料袋进锅后应立即灭菌。高压灭菌一定要排尽锅内冷气，以免造成灭菌不彻底。灭菌温度达 124~126℃需保持 2.5~3 小时，灭菌结束后应将料袋移至冷却室冷却。

（5）接种

当料袋冷却至 28℃以下时便可以进行接种。接种应严格遵守无菌操作规程，手、工具要用 75% 的酒精擦洗消毒，菌种袋外部也要进行消毒处理，接触菌种的工具要用酒精灯火焰灼烧冷却后使用。接种前应对接种室进行消毒，每 2 米³ 用 1 包菇宝熏蒸消毒，0.5 小时后打开通风 10 分钟，人员进入接种。

3. 发菌管理

接完种的菌袋应移至已消毒的培养室进行培养，按培养室条件如控温能力、通风情况摆放菌袋的容量。培养期间室内温度控制23~27℃，空气相对湿度维持60%~70%，最好避光培养，二氧化碳浓度控制在0.15%~0.2%（每天通风换气2次，每次1小时）。28~30天菌丝可长满菌袋（图5-4）。发菌阶段及时检查杂菌污染情况，污染严重的菌袋应及时挑出深埋或火烧；局部被污染的菌袋，应移至独立培养场所进行培养，以免产生交叉感染。

图5-4　菌丝培养

4. 出芝管理

出芝室应能够保湿、保温、通风良好、光线适宜、排水通畅、方便操作。当袋口出现白色原基时即可拔掉棉塞上架出芝管理（图5-5）。如果灵芝原基已长出棉塞之外，则无需拔掉棉塞，否则会伤及原基发育。出芝室温度控制26~27℃，空气相对湿度维持85%，二氧化碳浓度控制在0.1%，并提供散射光。灵芝菌盖长至3厘米左右时，应提高空气相对湿度至90%继续管理。

图5-5　上架出芝管理

5. 子实体采收

灵芝边缘白边或浅黄色消失时应及时采收（不收集灵芝孢子粉），用剪刀从菌柄基部处剪下。灵芝采摘后，菌柄基部切口不可晒水，并进行通风，降低空气相对湿度至80%~85%，让切口自然愈合。当切口轻度感染时，可用消毒刀片将局部原基组织切除，再涂抹 75% 酒精灭菌，严重时应将袋口组织整个拔除。当切口处出现白色原基时，进行下一潮出芝管理。

6. 孢子粉收集

（1）覆盖材料

采用白色涤塔夫水洗 "210T" 布料，其表面光滑不易粘粉、不风化、不掉纤维、对孢子粉无污染。该布料具有较高的通透性且收集孢子粉时不逸粉，能较好地保证灵芝后熟所需的环境要求，有助于提高孢子粉产量和质量。

（2）覆盖方法

当菌袋菌丝达到生理成熟时，应把菌袋从培养室移至孢子粉收集室，摆放在网格式出芝架上形成"菌墙"（图 5-6）。每架"菌墙"上同一层的菌袋底部朝内两两对应，袋口朝外，外侧覆盖白色涤塔夫水洗 "210T" 布料，沿菌墙垂直固定（图 5-7），布的四边留有一定余料，使两侧网格或架子上的布能对拉固定在一起。

图 5-6　菌墙

图 5-7　菌墙盖布

（3）缝合布料

当灵芝菌盖生长穿透布料（图 5-8）时，就意味着灵芝已进入成熟期，开始喷孢子粉。此时将两侧网格或架子上的布对位使用轻便手提式缝纫机缝合，底部不缝合，形成一个三边密闭的长方体布袋，使两个"菌墙"架之间形成一个大的布袋（图 5-9）。由于底部不缝合，长方体布袋底部的地垫（一般用厚布制成）可以根据需要随时抽出收集孢子粉，避免孢子长时间堆积发生霉变，保证了灵芝孢子粉的质量和产量。

图 5-8　菌盖生长穿透布料

图 5-9　菌墙上布料缝合

（4）后期管理

布缝合后不得再直接喷水加湿，改用加湿器加湿，增加空气相对湿度，既保证了灵芝生长过程所需的水分，又避免菌袋失水过快。

（5）采收

芝盖边缘白色生长圈消失转为棕褐色，并有大量孢子吸附在芝盖上时即可采收（图 5-10），采收前 5 天停止加湿。用毛刷将布袋上和菌盖表面的孢子粉收集到容器中，注意落地孢子粉不可收集，以免造成孢子粉的杂质和灰分含量超标。

图 5-10　收集灵芝孢子粉

（三）灵芝段木栽培

1. 工艺流程

树种选择—砍伐—截段—装袋—灭菌—接种—菌丝培养—场地选择—搭架—开畦—去袋—覆土—管理（水分、通气、光线）—出芝—子实体发育—孢子粉散发—采收—烘干—分级—包装—贮运—入库。

2. 生产安排

以福建省南平市为例，灵芝段木栽培从木材砍伐到采收需要10~12个月时间，生产安排时间见表5-1。

表5-1　生产安排时间表

序号	内容	时间
1	选择报批砍伐树木	10~12 月
2	伐木集运	12 月至翌年 2 月
3	段木截段、装袋	12 月至翌年 2 月
4	高压或常压灭菌、接种	12 月至翌年 2 月
5	菌材培养	12~4 月
6	栽培场地选择	2~3 月
7	场地深翻，作畦，挖沟，场地灭蚁处理	2~3 月
8	搭建大棚	3~4 月
9	下地排场	4~5 月
10	覆土	4~5 月
11	出芝管理	5~10 月
12	采收烘干	7~10 月

3. 菌材制作

（1）树种选择

适于灵芝栽培的树种以壳斗科树种为主，如麻栎、米槠、青冈、栲树等，还有枫香科、木麻黄、酸枣、乌桕等树种，为保护生态，宜选用清山材、枝桠材作为栽培原料，胸径低于6厘米、材质疏松、边材少的木料不适合作为栽培原料。

（2）截段

在每年的小雪至小寒期间采伐直径8~20厘米原木，并在阴凉处存放，自然抽水，砍伐后15~30天内截段（图5-11），段木长度28~30厘米（图5-12），适合横埋出芝，利于提供较充足的营养，提高灵芝子实体优质品率。截段时要注意长短一致，剔除分叉、枝条等。截段和装袋同时进行，如段木太干，可以喷洒些水。

图5-11　段木截段

图5-12　段木长度

（3）装袋

采用规格为34厘米×64厘米聚乙烯菌袋进行装袋（图5-13），两头绑活结，扎结实，段木重量约10千克/袋，注意菌袋不得有破洞。

（4）灭菌

段木装好袋后上灶进行常压蒸汽灭菌（图5-14），上灶摆放料袋不可装得过紧过密，中间应留有空隙以利于蒸汽流通。当灶内温度达到100℃时，须保持14~16小时，确保段木熟化、软化。

图5-13　段木装袋

（5）接种

①接种箱接种：接种成功率高，对接种危害程度低，但接种速度慢，操作不便。

②开放式接种：开放式接种效率高，但接种成功率相对低于接种箱接种。消毒时消毒剂使用的量要充足，消毒完2小时后才能进入接种。

料袋温度降至30℃以下时，按无菌操作要求进行接种，在料袋两头放入菌种，铺满两头截面，然后扎紧袋口（图5-15）。白天气温高时，应选择早、晚进行接种。

图 5-14　上灶灭菌

图 5-15　段木接种

4. 菌丝培养

接种后菌袋应移至已消毒的培养室进行避光培养（图5-16），当培养温度低于15℃时可适当加温，如有条件可以采用空调调温至22~25℃，以利于灵芝菌丝生长，并定期通风换气。培养90~110天，菌丝长满整个段木，菌段表面出现浅黄色的菌皮，个别菌段出现原基，手指重压菌段有弹性，标志菌段菌丝已达到生理成熟（图5-17）。

图 5-16　菌袋培养

图 5-17　培养成熟的菌段

5. 芝棚搭建

（1）场地选择

选择生态环境良好、交通便利、水源充足、无污染、无洪水隐患的地块（图 5-18）。土质以砂质壤土为宜，土壤预先深翻打细，暴晒消毒 3 天以上，并撒石灰粉灌水消毒 3 天。水质达到生活饮用水要求。

图 5-18　芝场外观

（2）搭架开畦

在栽培场地内搭建高 2.5~3 米的棚架（图 5-19），棚顶、四周覆盖黑色遮阳网。棚内作畦，畦宽 1.5 米，畦沟宽 35~40 厘米，每两畦采用竹片搭盖一个拱棚，拱棚宽 6 米、高 1.8~2 米。拱棚上盖塑料薄膜，将两个畦罩住。

6. 菌材排场

（1）去袋

谷雨至立夏期间，选择晴天或阴天将发好菌的灵芝菌袋运到出芝棚整齐摆放畦上进行炼筒（图 5-20），通风 5~10 天使菌段中灵芝菌丝恢复生长，然后再脱去菌袋。脱袋时用剪刀或美工刀小心划开白袋，不得伤到灵芝菌丝（图 5-21）。

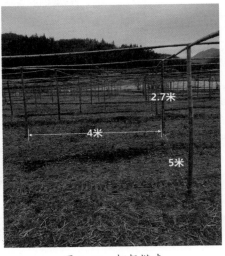

图 5-19　棚架搭建

图 5-20　菌袋炼筒

图 5-21　菌筒脱袋

（2）下地覆土

将去袋后的菌段依次整齐地横放在经平整好的畦上（图 5-22），菌段间距 5~10 厘米、行距 20~25 厘米，每畦排放 5~6 段。在菌段间填满泥土（图 5-23），并覆盖菌段不外露，覆土厚度 1~2 厘米，覆土不仅能让菌材保湿，而且会让灵芝生长更加整齐。

（3）下地后管理

下地后的 25 天以内，以密闭塑料大棚管理为主，温度控制 26~32℃，空气相对湿度保持 85%~90%。

图 5-22　下地摆放

图 5-23　下地覆土

7. 出芝管理

（1）水分管理

①空气相对湿度：芝芽形成至子实体开片时，空气相对湿度保持在 90%~95%；子实体开片基本完成，菌盖边缘稍有黄色时，空气相对湿度保持在 85%~95%；子实体趋于成熟至孢子弹射期，空气相对湿度保持在 80%~85%。

②土壤湿度：覆土后应对畦面喷一次重水，使土壤湿润并与菌段接触紧密，喷水后菌段表面泥土被水冲刷而外露的要及时补上覆土。在原基形成和幼芝生长期，对土表干燥发白的地方要适当喷水增湿，但要防止畦内泥土过湿，影响菌段通气性。喷水要细缓，防止地表泥土溅到芝体上。灵芝采收前 7~10 天停止喷水。

（2）温度管理

芝芽形成至开片时，温度控制在 20~25℃。子实体趋于成熟至散发孢子期温度控制在 25~30℃。可通过遮阴、喷水揭膜通风等方法调节出芝场的温度。

（3）通风管理

在灵芝原基还未形成时，不需要揭膜通风。灵芝芝芽形成到幼芝生长期，要利用棚两端薄膜掀开方式通风，使棚内二氧化碳的浓度低于 1%。子实体完全开片时卷起拱形棚两侧薄膜，加大通风量。

（4）光照管理

根据气温和日照情况，在盛夏高温强日照下增加遮阴，使棚内光照强度保持在1000~2000勒。对整个棚的遮阴要统一安排，使光照均匀，不致产生斜射光，防止灵芝偏向生长。

（5）疏芝管理

对同一菌段过多形成的原基，用锋利小刀从基部割去，每根段木保留一朵灵芝（图5-24）。疏芝原则为去弱留强，去密留疏。还可将菌段挖起，通过改变方向位置的方法调节灵芝生长疏密度。灵芝开伞继续向外扩张进入生长阶段，灵芝各自生长，不相粘连（图5-25）。

图5-24　疏芝

图5-25　灵芝菌盖生长

（6）采收

灵芝菌盖边缘黄白色生长点结束后（图5-26），菌盖进入增厚阶段，当菌盖达到2~3条增厚线时就可以采收（图5-27）。

（7）越冬管理

采收结束做好清场，撤去覆膜，对外露的菌段用泥土覆盖保护，厚度2~5厘米，四周挖深排水沟。

图 5-26　菌盖生长点结束

图 5-27　灵芝子实体成熟

8. 孢子粉收集

灵芝子实体逐步形成菌管、菌孔，孢子就在菌管中逐渐形成。子实层初为白色，菌孔呈封闭状态，逐渐转变成黄色，菌盖周围的白色生长圈消失，菌孔张开，弹射出极其微小的卵形孢子。每个灵芝孢子只有 4~6 微米，是活体生物，外被坚硬的纤维素外壁，它凝聚了灵芝的精华。从散发灵芝孢子粉开始大约 2 个月的时间是盛产孢子粉的时间，一般每年的 9~10 月是灵芝孢子粉的采收季节。生产上收集孢子粉的方法主要有以下几种。

（1）吸风机吸附法

该方法也称为负压收集法，这种灵芝孢子粉的采集方法主要在东北地区以及北方的一些其他地区被采用。由于灵芝孢子比较轻，弹射后漂浮于空气中，所以可利用风机造成负压进行收集。该方法的优点是操作便利，缺点是收集的灵芝孢子粉中会混有一些灰尘杂质。具体做法：当灵芝孢子开始释放时，芝棚面积每 200~300 米^{2}放进 2 台孢子收集器，背对背放置在出芝棚中间，距地面 1~1.5 米高，晴天早晨 4~8 时、下午 5~8 时及阴天全天打开收集器电源，让灵芝孢子粉吸进收集器中，达到收集目的。

（2）小拱棚地膜收集法

在开始收孢子粉的前 5 天，畦上的地面收拾平整，将灵芝菌盖和菌柄冲洗干净，以防收集孢子粉时混入泥沙和杂质。该方法的优点是操作方便，劳动力成本低；缺点是收集的孢子粉中会含有一些沙土，孢子的纯度不够高。具体做法：在平整过的地面上铺上塑料薄膜，与地上的泥沙隔开，在垫底薄膜上铺上接粉薄膜，上面建起小拱棚，在几乎封闭的条件下收集子实体弹射出的孢子粉。收粉期除非气温偏高需掀开薄膜两端通风降温，其他时间不能掀开薄膜，以防孢子粉流失。

（3）套筒收集法

在灵芝将要成熟时，在灵芝菌柄基部套上0.02毫米的超薄乙烯袋，袋底扎紧，袋口朝上，按灵芝的大小在袋内套上硬纸筒，筒口上盖一纸板，防止孢子粉逃逸。套袋采粉要注意通风，防止霉变。套筒法收集的孢子粉纯度和品质较好，但非常费时、费力。该方法经过工艺优化，形成不落地套袋收集技术，具有省工提质增量的优势，深得产区芝农赞赏。具体做法如下。

①纸筒制作：选用尺寸为28厘米×90厘米的长方形白色油光硬卡纸制成圆筒（套筒用纸张要无荧光剂）（图5-28），上方加盖尺寸为30厘米×30厘米的方形白色拷贝纸（盖纸要薄、透气）（图5-29）。圆筒接缝处用订书钉连接，上方加盖处刷浆糊使其闭合（不能用报纸等做纸筒，可能造成孢子粉重金属元素超标）。注意纸筒直径要比芝面大2~3厘米，防止灵芝碰到纸筒后重新生长，穿透套筒，甚至产生畸形。

图5-28　圆筒制作　　　　　　　　图5-29　白色拷贝纸

②套筒时间：在灵芝菌盖白边消失、子实体成熟停止向外扩张生长转向增厚、孢子粉弹射4~5天后开始进入旺产期时进行套筒，这时采集的孢子粉成熟、颗粒饱满、质量好。套筒务须适时，做到子实体成熟一个套一个，分期分批进行。若套筒过早，菌盖生长圈尚未消失，以后继续生长与筒壁粘在一起或向筒外生长，造成局部菌管分化困难影响产孢；若套筒过迟，则孢子释放后随气流飘失，影响产量。

③套筒方法：套筒前，将灵芝地上的泥土抹平、压实（地面不平，套筒会漏粉）（图5-30），向灵芝菌盖和菌柄喷水，冲掉积在上面的泥沙和杂质，防止采粉时混入。在抹平的灵芝地上，铺上塑料薄膜，与地上泥沙隔离（图5-31）。在垫底薄膜上铺上方形的接粉薄膜（图5-32），再在接粉薄膜上铺上圆形的白色油光硬卡纸（图5-33）。接粉薄膜宽度和卡纸的直径要比套筒口周边大2~3厘米，便于取粉。

图5-30　抹平、压实灵芝地

图5-31　灵芝地铺上垫底薄膜

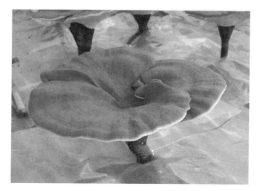

图5-32　铺接粉薄膜

图5-33　铺接粉卡纸

逐个将已准备好的套筒从上往下套,将灵芝套住,下与接粉卡纸相接,上方加盖用糨糊刷好的拷贝纸使其闭合(图5-34),在封闭条件下接收弹射孢子。套筒操作时要注意不能触摸灵芝子实体,以保证孢子粉的纯度与质量。

④套筒后管理:套筒之后的管理以保湿为主(图5-35至图5-37),不要直接往纸盖上喷水,注意通风换气。套筒后,分畦罩上塑料薄膜,薄膜不能漏水,以免水滴进套筒,孢子粉会结块发霉。

图5-34 套筒操作

图5-35 套筒后进入管理阶段

图5-36 喷粉阶段

图5-37 喷粉后期

⑤采收:灵芝孢子粉比子实体价值高,在采收过程中要求也高。

采收标准:灵芝菌盖不再增大,边缘有增厚层;菌盖表面的色泽一致;菌盖有大量的褐色孢子弹射。

采收要求:选择在晴天进行采收,灵芝孢子粉的采集应与灵芝采收同时进行。时间早了会影响灵芝与孢子粉产量,迟了灵芝生长进入衰退期,孢子颗粒不饱满,灵芝底色也会变差,影响质量。

采收方法：孢子粉采收时，采收人员戴头帽、一次性手套（防止头发掉入，手上汗渍影响孢子粉品质），小心地拆开纸筒，用果树剪将灵芝子实体的菌柄基部剪下（图5-38），用毛刷将菌盖表面的孢子粉刷到洁净的容器中（图5-39），然后小心提起地上接粉卡纸（图5-40），把粉刷下。这时要特别注意不能让泥沙等杂质混入（图5-41）。最后将灵芝倒放在筛子上，准备烘干。这时要十分注意，不能让粉沾染灵芝底部，以免影响灵芝底色。

图5-38　菌柄基部剪下

图5-39　刷菌盖表面孢子粉

图5-40　提接粉卡纸

图5-41　刷接粉卡纸表面孢子粉

干制：采收孢子粉应立即日晒或采用烘干机烘干，当天采收当天干制。烘干温度控制在40~55℃，并控制好进出风量，风量要求先大后小。未干燥的孢子粉，不能用塑料袋长时间内存放，否则将会发酵变质。

9. 孢子粉系列产品加工

（1）除杂

先用80目筛除去较大杂质，再用200~300目筛筛去细小杂质。

（2）干燥

将除杂后需要烘干的孢子粉用烘干设备进行烘干，烘干至孢子粉不再黏结，水分不大于9%。需要注意的是孢子粉干燥的过程中不能使用含有重金属的材料，以免造成重金属超标。

（3）灭菌

主要是用高压蒸汽、辐照或者微波对孢子粉进行灭菌处理。

（4）破壁灵芝孢子粉

采用低温物理破壁方法，使灵芝孢子粉的破壁率达到99.7%以上。

（5）灵芝孢子油提取

灵芝孢子油是由破壁灵芝孢子粉经二氧化碳超临界萃取而得。

（四）鹿角灵芝栽培

鹿角灵芝因其原基不分化菌盖、形成的菌柄类似鹿角而名。栽培上采取高二氧化碳浓度抑制菌盖分化的方法，其工艺流程与灵芝代料栽培相似。

1. 栽培季节

鹿角灵芝出芝温度为22~36℃，温度低于22℃或高出36℃均不利于鹿角灵芝的生长发育。栽培季节以适合鹿角灵芝生长时期为基点，结合当地气候条件及芝棚设施情况综合考虑安排。以福建省南平市为例，生产季节时间安排见表5-2。

表5-2　生产季节时间表

序号	内容	时间安排
1	栽培袋制作、灭菌、接种	12月至翌年2月
2	菌材培养	1~4月
3	栽培场地的选择、整理、灭菌、除虫	2~4月
4	搭阴棚、塑料架	2~4月
5	菌袋入棚	4~5月
6	遮阳网、草帘的搭盖	4~5月
7	出芝管理	5~9月
8	采收、烘干	8~10月

2. 菌袋制作

鹿角灵芝栽培以代料为主，其培养基配方：阔叶树木屑 40%、玉米芯 40%、麦皮 13%、玉米粉 3%、豆粕 3%、石膏 1%。按配方备好各种原辅材料，通过搅拌机进行拌料，用装袋机将配好的料装入菌袋（20 厘米 ×38 厘米 ×0.045 厘米）内，以装料后轻压料袋不变形为宜。装袋完成后，以聚乙烯塑料绳扎口后常压灭菌。灭菌灶上大气时需维持 18~35 小时（具体时间依照灭菌锅的不同和锅内袋的数量而定），灭菌结束时灶门微开，灶底保持微火，使得灶内的气压大于外部，减少冷空气进入灶门内。

灭菌后的料袋入已消毒接种室（棚）进行接种，按无菌操作规程进行接种，将一头接种的菌袋（20 厘米 ×38 厘米 ×0.045 厘米）套以 1.5 厘米 ×2 厘米规格的颈圈，用 0.02 厘米厚的聚乙烯塑料膜封口，每袋栽培种可接栽培袋 25 个。

3. 芝场搭盖

鹿角灵芝通常采用室外大棚栽培（图 5-42），棚顶四周覆盖两层遮阳网，中间夹一层草帘。以摆放层架长宽高来设计大棚规格，棚不宜太宽、太高，否则会影响棚内二氧化碳浓度的调控，从而影响鹿角灵芝生长。芝棚坐北朝南以利于调节温度，四周开排水沟，沟深 0.5 米、沟宽 0.5~1 米，还要撒灭蚁灵药，防止蚂蚁危害。

图 5-42 鹿角灵芝栽培棚内结构

4. 发菌管理

当棚内温度低于25℃时，菌袋可以垒放6~7层，这样袋间会产生升温现象，有利于菌丝生长；当棚内温度高于28℃时，为了防止烧菌，菌袋需单层立放地面。保持棚内良好的通风，光线保持弱光或散射光，空气相对湿度保持在70%以下，55~60天发满菌袋（图5-43）。

图5-43 鹿角灵芝菌丝培养

5. 出芝管理

（1）温度管理

鹿角灵芝出芝温度为22~36℃，25~30℃为最佳温度，若棚内温度均适合鹿角灵芝出芝要求，通常15~20天可以形成原基。若棚内温度上升到32℃时，应及时遮阳喷水降温；若棚内温度低22℃时，可用蒸气或电炉加热，加热时须确保安全，以免火灾。

（2）湿度管理

出芝期间要经常喷洒雨状落水，保证空气湿度75%~95%。喷水不宜过密，一般原基形成期一天一次；芝体形成期温度26~34℃间，每天上午11时、下午3时各喷水一次；高于34℃，每天上、中、下午各喷水一次，雨天不喷水。

（3）光照与空气管理

在温湿度适宜的情况下，光照及空气共同决定着灵芝的色泽和形状。鹿角灵芝形成初期（图5-44），芝体在5~10厘米高时，需要散射光及正常通风，以利于芝体形成和正常分化。分化完成后，为保证鹿角灵芝的良好形状（图5-45），将光照调为弱光，并减少通风量（正常通风量的5%~10%）。切不可无光或正常通风，否则会造成灵芝的开片生长。若灵芝生长过程出现加宽生长（开片）时，应及时封闭通风口或调暗光2~3天，然后再改回弱通风和弱光。同时应该防止子实体并连生长，发现有相连的可能时，要及时调整培养袋的位置，不让子实体连结。

图 5-44　鹿角灵芝生长初期

图 5-45　鹿角灵芝成熟期

6. 采收烘干

当鹿角灵芝顶端白色生长点缩小、4~5 天后开始变浅黄、6~7 天后生长点消失停止状态时便应及时采收。采收时候不要碰到其顶端生长点，采下的芝体以根部为齐，平行放置，边采收边放在太阳底下暴晒。如遇到阴雨天气，就立刻进行烘干。具体操作：新鲜灵芝经去根、硬刷清除表面杂物、用干棉布擦干芝体表面后，置于烘干机进行烘干，烘干温度达到 60℃需保持 4 小时，反复 6~8 次；然后用 70℃烘 2 小时，反复 3~4 次；最后用 89℃烘烤至其含水量在 8%~10% 即可，此时芝体保持采收时候的淡黄色或黄白色。烘干温度切不可超过 89℃，否则芝体变黑。烘干后应进行分级密封保存。

7. 分级贮存

（1）分级

①优品：芝体粗实、质坚实饱满、色泽好且无虫蛀、霉变、发黑、无重金属农残污染、β－高分子蛋白多糖含量高于 45%。

②普通品：芝体粗实、质坚实饱满、色泽好且无虫蛀、霉变、发黑、无重金属农残污染、β－高分子蛋白多糖含量 20%~30%。

（2）贮存

鹿角灵芝子实体应在避光、阴凉干燥处贮存，不得与有毒（害）物品、异味物品混合贮存，入库后要防止害虫、鼠类危害。

（五）灵芝工厂化栽培

1. 工艺流程

灵芝工厂化生产工艺流程如下：

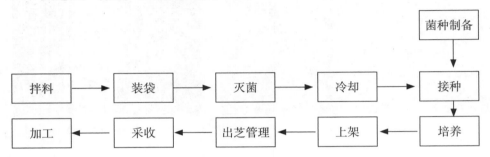

2. 菌袋制作

（1）品种选择

选择经工厂化条件下栽培试验2个以上周期，验证该品种具有均一性、稳定性并具有商业栽培价值的品种。

（2）原料选择

栽培主料为木屑、菌草屑、玉米杆屑、甘蔗渣、豆杆屑、薏米杆屑和棉籽壳等，辅料麦麸、玉米粉、豆粕、轻质碳酸钙、石膏粉等。

（3）装袋接种

①配方：灵芝工厂化栽培配方见表5-3。

表5-3　灵芝工厂化栽培配方　　　　　　单位：%

序号	木屑	菌草屑	棉籽壳	甘蔗渣	麦麸	玉米粉	轻质碳酸钙
1	75				20	3	2
2	35	40			20	3	2
3	35		40		20	3	2
4	35			40	20	3	2

注：以上配方比例为干质量比。

②搅拌：采用机械搅拌。各原料比例准确并搅拌均匀，加水量须根据主料持水性不同适当调整，含水量控制在62%~65%。

③装袋：以长37厘米、折宽18厘米、厚0.05毫米的聚丙烯或聚乙烯筒袋为栽培容器。要求松紧均匀一致，培养料高度为19~21厘米。

④灭菌：装料结束后应迅速进行灭菌。灭菌采用高压灭菌锅进行，温度达到121℃须维持150分钟。

⑤冷却：灭菌结束后，卸锅将料袋置于洁净度10万级冷却室内冷却。

⑥接种：培养料中心温度冷却至30℃后进行接种。接种在10万级洁净室内的百级层流罩下进行。接种过程严格执行无菌操作规程。

3. 菌丝培养

菌丝培养应置于可控温、湿、光、气等条件的培养室内，具体参数见表5-4。

表5-4 工厂化生产菌丝培养条件

培养时间（接种后）	温度/℃	空气相对湿度/%	二氧化碳浓度/%	光照
第1天至15天	26~28	60~70	≤0.2	避光
第16天至50天	24~26	60~70	≤0.2	避光

4. 出芝管理

（1）出芝架摆放

采用网格式出芝架墙式出芝。出芝架厚度为40厘米，高度以便于操作为准，长度根据出芝室情况确定。出芝架之间距离130~140厘米，作为操作走道和灵芝生长空间。

（2）菌袋上架

将已培养好的菌袋置于网格之中，菌袋底部相对朝内、出芝口朝外，形成两侧出芝的出芝墙，并取下菌袋上的环盖。

（3）包内层收粉布

当出芝口菌丝浓密并伴有白色突起时，用涤塔夫布将出芝墙两侧包好，并使各出芝口与收粉布接触。内层布四周比出芝墙宽50厘米以上，以便与外层布连接。

（4）疏芽

为确保每个菌袋只生长一朵灵芝，并且成熟后子实体之间横向不相互粘连、纵向保持均匀的距离，需进行疏芽。疏芽在灵芝菌柄穿出内层收粉布至菌盖开始形成期间进行。疏芽时应去弱留强，并注意子实体间的空间关系。

（5）包外层收粉布

在出芝架上固定支架并以细铁丝拉成外框架。当80%灵芝菌盖表面黄边消失、部分子实体开始弹射孢子粉时，在外框架盖上与内层同质的收粉布。外层布与内层布距离25厘米，不接触子实体。内外收粉布连接紧密，避免孢子粉逃逸。

（6）出芝各阶段管理

出芝阶段可分为原基形成期、菌柄生长期、菌盖生长期和孢子弹射期，各阶段管理要求不同，具体参数见表5-5。

表5-5　出芝收粉各阶段时长及环境条件

出芝阶段	距开盖天数 /天	时长 /天	温度 /℃	空气相对湿度 /%	二氧化碳 浓度 /%	光照 / 勒
原基形成期	0~5	5	26~30	70~85	0.055~0.1	200~1000
菌柄生长期	6~18	12	26~30	80~95	0.15~0.25	200~1000
菌盖生长期	19~34	15	24~28	85~95	0.055~0.1	200~1000
孢子弹射期	35~100	65	24~26	75~85	0.055~0.1	200~1000

5. 采收加工

（1）孢子粉采集

在待采集的出芝架下方，垫上长度略大于出芝架、宽度约60厘米的塑料薄膜；解开外层收粉布，用毛刷自上而下逐一将灵芝盖上和收粉布上的孢子粉刷下，使其落至地面的薄膜上；将垫在地面的薄膜四周缓缓收起，使孢子粉集中在薄膜中央后集中倒入专用容器。

（2）子实体采收

当灵芝底部颜色由金黄色转为浅灰色，且菌袋培养基变为松软时，便可进行灵芝孢子粉和子实体的采收。采收前将附着在子实体的孢子粉刷下，然后采下子实体，进一步刷净孢子粉后置于专用容器。

（3）加工

①烘干：孢子粉和子实体应当日采收当日烘干。烘干起始温度35℃，终止温度50℃，每小时温度上升5℃，直至产品含水量为8%以下。

②除杂：用80目的筛子将孢子粉过筛，去除较大杂质；用260目筛子再次过筛，去除较小杂质。

（六）病虫害绿色防控措施

1. 病害防控措施

灵芝栽培过程中常见的病害有青霉菌和根霉菌两种。主要污染原因：一是栽培场所卫生条件差，二是装袋时弄破袋子，三是培养基灭菌不彻底，四是接种不规范或使用污染的菌种。采取措施：应选择生态环境良好并远离生活污染源、禽畜养殖场，保持环境清洁，灭菌要彻底，并选用优质菌种规范接种，杜绝或减少病原菌。有发现污染，应及时捡出杂菌袋，并在病区撒生石灰。

2. 虫害防控措施

灵芝栽培过程中常见的虫害有膜喙扁蝽、紫跳虫、菌蚊、白蚁、螨虫等。在预防的前提下，应以物理防控为主、生物防治为辅。

（1）物理防控

①防虫网：防虫网是一种新型农用覆盖材料，形似窗纱，具有抗拉、抗热、耐水、耐腐蚀、无毒无味等特点，能够隔离外界有害虫源，有效减少害虫危害及通过害虫传播的病害。防虫网以人工构建的屏障，将害虫拒之网外，棚内害虫阻之网内，配合粘虫板和杀虫灯的杀虫，达到防虫、防病和杀虫的目的。此外，防虫网反射、折射的光对害虫还有一定的驱避作用。具体操作方法是选用白色或银灰色40~60目防虫网，在出芝房通风口和房间门上安装防虫网（图5-46）。在网上用压膜线扣紧，以防夏季强风掀开，留正门揭盖，正门安装两幅防虫网，平时进出要随手关门，以防止害虫进入。防虫网遮光较少，无需日盖夜揭或前盖后揭，应全程覆盖，不给害虫有入侵机会才能收到满意的防虫效果。

②粘虫板：灵芝栽培过程中常发现膜喙扁蝽、紫跳虫、菌蚊等害虫，这些害虫成虫对黄色敏感，具有强烈的趋黄光习性。粘虫板就是利用昆虫的趋色习性，在色板上涂抹高分子粘胶进行诱捕昆虫。其具有涂胶均匀、无刺激气味、无腐蚀性、抗老化和粘性强而持久等特点，使用方便、成本低、防治效果好，尤其是对光线不敏感的虫采用粘虫色板进行防治效果更佳。具体操作是选用规格（20~25）厘米×（30~40）厘米的矩形黄色粘虫板，采用垂直悬挂方式（图5-47），在大棚内粘虫板悬挂的高度以距地面30厘米左右为宜，在小拱棚畦内粘虫板悬挂的高度以高于芝床10~15厘米为宜。预防期每亩悬挂20~30片，害虫发生期每亩悬挂40片以上，并根据虫口密度的变化不断调整粘虫板的设置数量以达到最佳效果。粘虫板使用一段时间后，板上粘满了害虫、尘土等，黏度降低，粘虫效果变差，应及时更换新板。

图5-46　出芝房门上安装防虫网

图5-47　出芝房内悬挂粘虫板

③杀虫灯：这是实施灯光诱虫技术的专用灯具，利用生物的趋光性诱集并消灭害虫，从而防治虫害和虫媒病害。杀虫灯专门诱杀害虫的成虫，大幅降低害虫的密度和落卵量。具体操作是选用交流电杀虫灯、蓄电池杀虫灯、太阳能杀虫灯，诱虫种类多、效果好，而且安装使用方便（图5-48）。在遮阳棚内或室内安装杀虫灯，采用棋盘状布局，为了减少使用盲区，杀虫灯布局上覆盖范围必须部分重叠，单灯之间呈梅花状错开。一般在灵芝棚门口的灯要稍高点，悬挂在距离地面1.2~1.5米的位置，中间的要比菌袋稍高20~30厘米的位置。害虫的活动旺盛期是天快黑

时开始,到晚上22时以后就会慢慢地减弱,所以杀虫灯应在傍晚18时以后开灯,次日凌晨6时以前关灯,同时应取下集虫袋。雷雨天可不开灯,大风天或月光明亮的晚上诱虫数量少,可不开灯或缩短开灯的时间。从菌袋进入出芝房就开始使用杀虫灯,使用后要连续不间歇,直至生产期结束,可有效预防和控制虫害的发生。在出芝棚内使用杀虫灯必须和防虫网相结合,才能起到杜绝害虫的作用。

图 5-48　出芝房外安装杀虫灯

（2）生物防治

针对灵芝栽培过程中的爬虫,可喷洒一些高效、低毒、不伤天敌、不留残毒的生物农药,如苏云金杆菌（BT）、除虫菊素等。苏云金杆菌使用方法：每克含100亿活芽孢的可湿性粉剂1000倍液或3.2环可湿性粉剂1000~2000倍液喷雾,或每亩用16000IU/毫克水分散粒剂50~75克或每毫升含100亿活芽孢的悬浮剂100~150毫升,兑水喷雾。除虫菊素使用方法为除虫菊花粉（干花粉碎）1千克、中性肥皂0.6~0.8千克、水400~600升兑制后喷雾。

（七）灵芝连作障碍机理与防控措施

1. 灵芝连作土壤真菌菌群的变化规律

通过IlluminaMiSeq平台对邻近野生土壤（GL0），连作1年（GL1）、2年（GL2）和4年（GL4）的灵芝土壤进行ITS1扩增子测序，分析灵芝连作覆土中真菌群落的变化（图5-49）。结果表明，12个灵芝土壤样本一共获得349642条有效序列，经聚类得到2426个OTU，分别隶属于8门、28纲、64目、127科、233属和449种。在门水平上，随着连作年限的增加，灵芝覆土中真菌的多样性水平逐渐减低，在GL4组中只含有担子菌门（占85.03%）、子囊菌门（占14.77%）和少量被孢霉门（占0.20%）。其中，担子菌门的相对丰度随着连作年限的增加显著增加，子囊菌门的相对丰度显著减少，而被孢霉门的相对丰度无显著性差异。在属水平上，担子菌门灵芝属的相对丰度随着连作年限的增加而极显著增加，子囊菌门仅青霉属菌群的相对丰度呈现先减少后增加的趋势，在GL4组中相对于GL0组其相对丰度增加了57.92%，表明青霉属可能是引发该地区灵芝连作障碍的重要菌群。

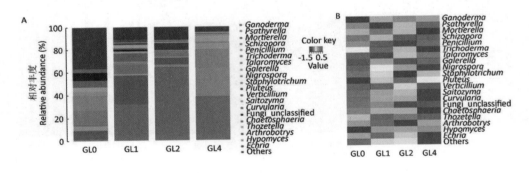

图5-49　真菌群落属水平的相对丰富度与GL0组相比较，差异显著 $P<0.05$；与GL0组相比较，差异极显著 $P<0.01$

2. 灵芝连作土壤细菌菌群的变化规律

通过IlluminaMiSeq平台对灵芝栽培1年（GL1）、连作1年（GL2）、2年（GL3）和3年（GL4）的覆土进行扩增子测序，分析灵芝连作土壤中细菌群落的变化（图5-50）。15个灵芝土样中一共获得477556条有效序列，经聚类得到9129个OTU，分别隶属于28门、89纲、169目、287科、624属和1050种。在门水平上，变形菌门、酸杆菌门、放线菌门和绿弯菌门是灵芝覆土中主要的优势菌群。其中，变形菌门和放线菌门的相对丰度随着连作年限的增加而显著性增加，绿弯菌门的相对丰度逐年递减。在属水平上，鞘氨醇单胞菌属、慢生根瘤菌属、脱氯菌属等在灵芝覆土中的相对丰度随连作年限的增加而减少，仅有溶杆菌属、Gp6 和 Gp16 的相对丰度显著提高。邻近沙壤土和灵芝覆土中细菌组成具有显著性差异，并且灵芝连作障碍可能与覆土中鞘氨醇单胞菌属、*Anaeromyxobacter*、慢生根瘤菌属、脱氯菌属等有益细菌相对丰度逐年降低有关。多样性分析表明，连作会加大灵芝覆土中细菌群落的物种组成差异，且细菌群落的丰富度和多样性均呈现先增加后减少的趋势。

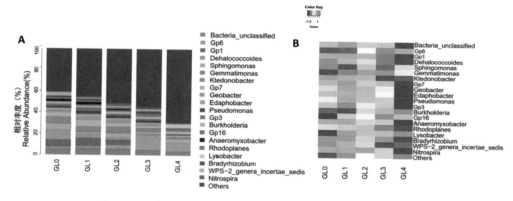

图 5-50　属水平组成的分析，细菌群落属水平的相对丰富度

3. 灵芝病原菌

从连作 2 年的灵芝段木中分离纯化 1 株灵芝病原菌，经 ITS 测序和 Genbank 上比对分析，发现该条带序列与木生红曲霉属中的灵芝腐败木生红曲霉菌高度同源，表明灵芝腐败木生红曲霉菌极可能是灵芝连作障碍的主要病原菌。通过平板拮抗试验发现，木生红曲霉菌生长极快，对 10 株不同灵芝菌株菌丝生长具有极显著的抑制作用，初步表明该菌是灵芝生长危害菌。

该病原菌 25~32℃时菌丝能够保持较快的生长，最适生长温度为 28℃，当温度达到 38℃时，菌丝停止生长但不失活，致死温度为 60℃；在最适 pH 实验中发现，该病原菌 pH4~6 时菌丝能够保持较快的生长，当 pH5 时菌丝生长速度最快，当 pH9 时菌丝不生长。暗示连作土壤可以通过石灰水浸泡、灌水盖膜高温闷棚等方法来减轻灵芝连作障碍。

挑选了 9 个候选药物对该病原菌和灵芝菌丝进行毒力检测，经过重复筛选与验证，发现 8 个候选药物对病原菌生长都有显著地抑制作用，但也不同程度的抑制灵芝菌丝生长，只有 10 微克／毫升的 YMZ 药剂能够显著抑制病原菌的生长，同时又对灵芝生长起到促进作用，提示 YMZ 药剂可作为一种潜在的消减灵芝连作障碍的候选药剂。

4. 石灰对灵芝连作障碍的防控作用

相同剂量下石灰浸泡处理比石灰匀撒处理连作土壤能显著改善灵芝连作障碍，并且在石灰浸泡处理组中出芝率、产量和部分菌群丰度变化呈剂量依赖性。与对照组相比，45 千克石灰浸泡处理组（LI90）作用效果最显著，出芝率约提高了 68.89%，产量约提高了 135.87%，病害率大约降低了 54.90%。与对照组相比，在真菌属水平上，LI90 组子囊菌门曲霉属、球腔菌属、小丛壳属、德福里斯孢属和 *Gibellulopsis* 等相对丰度明显降低，并且球腔菌属和小丛壳属相对丰度呈剂量递减。在细菌属水平上，LI90 组覆土中变形菌门固氮螺菌属、动胶菌属、嗜甲基菌属、嗜酸菌属、贪铜菌属、*Diaphorobacter* 和 *Alicycliphilus* 等有益菌相对丰度较对照组显著提高，且嗜甲基菌属、贪铜菌属、*Diaphorobacter* 和嗜酸菌属相对丰度呈剂量递增。LI90 组显著提高灵芝产量可能与连作覆土中的曲霉属等病原菌的降低，以及固氮螺菌属等多种有益菌的增加有关。

（撰稿：王爱仙　傅俊生　肖淑霞　吴小平　施乐乐　张俏霞　刘国辉

巫仁高　黄志龙）

六、紫芝

紫芝又名黑芝、玄芝、木芝，系中国的特有种类，隶属真菌界、担子菌门、层菌纲、多孔菌目、灵芝科、灵芝属。

2020年版《中国药典》将紫芝与赤芝的干燥子实体共同定为灵芝的药用正品。紫芝含有麦角甾醇、有机酸、氨基葡萄糖、多糖类、三萜、脂肪酸，又含有生物碱、内酯、香豆精、水溶性蛋白质和多种酶类等成分，不仅营养丰富，而且具有较高的药用价值及良好的保健功能。

紫芝以段木栽培为主，生产上存在着产量低、出芝不稳定、病虫为害、当年品质差等问题。福建省现代农业食用菌产业技术体系针对生产问题展开研究，集成一套紫芝栽培提质增效技术，在福建省龙岩市武平县、长汀县、上杭县、永定区等地示范推广，示范基地出芝率达95%以上，与常规栽培管理相比提高约20%，产量增产近1倍，产品质量优，取得较显著成效。武平县政府专门出台《2022—2024紫芝产业发展扶持政策》，将紫芝列入当地优势产业予以扶持，大力发展林下紫芝栽培，助力乡村振兴。

（一）生长条件

1. 营养需求

野生紫芝（图6-1）自然条件下生长于阔叶树的腐木上或土下枯死的树根上，大多生长在有散射光、树林较稀疏的地方。人工栽培的紫芝靠分解木材中的纤维素、半纤维素和木质素获得营养。

2. 环境条件

紫芝生长发育过程除了与营养条件有关之外，还受温度、水分、空气、光线、酸碱度等环境条件影响。

图 6-1　野生紫芝

（1）温度

紫芝属于高温型菌类，不同品种菌丝和子实体生长发育温度生长范围差别不大。紫芝菌丝体适宜生长温度 23~27℃。当温度超过 35℃时，菌丝容易死亡；当温度超过 40℃时，菌丝停止生长，或出现异常生长及死亡。遇上高温高湿的天气，也很容易引起菌丝死亡。菌丝耐低温能力较强，当温度达到 0℃时，菌丝虽不能继续生长，但温度升高至适宜条件又能正常生长。值得注意的是温度忽高忽低剧烈变化，时冻时暖，容易导致菌丝死亡。

紫芝子实体在 5~38℃之间生长，但对高温的适应能力较弱，子实体分化及生长的较适宜温度是 20~35℃，最适宜温度为 25~30℃，温度低于 25℃时出芝，子实体质地较好，菌肉致密，皮壳色泽深，光泽好；反之，虽也能较快生长，但质量稍差。

（2）水分

基质含水量与木材密度有关，密度高的木材含水量稍低，密度低的木材含水量稍高。坚实的木材，含水量以 37% 左右为宜；材质疏松的木材，含量应在 37% ~40%。

菌丝生长适宜的空气相对湿度为 65% ~70%，空气相对湿度低于 65% 会影响菌丝的生长速度，空气相对湿度低于 45%，菌丝会停止生长。

子实体生长期间，要求空气相对湿度保持在 80% ~95%。如果空气相对湿度低于 60%，会造成子实体生长停滞；长期干燥会引起子实体干缩，不再生长；如果空气相对湿度低于 45%，已形成的幼小子实体也会干死。但空气相对湿度连续多天高于 95%，会引起子实体腐烂死亡。

（3）二氧化碳浓度

在自然条件下，空气中二氧化碳浓度通常为 0.03%，紫芝菌丝能正常生长。培养期间增加二氧化碳浓度，可促进紫芝菌丝的生长。试验表明，在温湿等培养条件不变情况下，二氧化碳浓度增加到 0.1%~10%，紫芝菌丝生长速度可加快 2~3 倍以上。子实体生长发育对空气中的二氧化碳浓度很敏感，适宜原基分化、生长发育的二氧化碳浓度为 0.03%~0.1%。二氧化碳浓度长期高于上述浓度，子实体外形发生变化，生长受到抑制，可能只长柄或鹿角状分枝，菌盖极小，严重时完全不形成子实体。

（4）pH 值

紫芝是一种适宜偏酸性条件生长的药用菌，菌丝可以在 pH 3~10 范围内生长，菌丝生长适宜的 pH 5~6.5，最佳 pH 6~6.5，当 pH 为 8 时，菌丝生长速度减慢，pH > 10 或 pH < 3 时，菌丝将会停止生长。在碱性条件下，钙、镁等无机离子的溶解度增大，会抑制各种酶的活性、维生素合成和正常的代谢活动。在菌丝生长过程中不断有中间代谢产物产生，其中包括各种有机酸，因此培养基的酸性随培养时间的延长而逐渐增加。

（5）光照

紫芝属于异养型生物，不能进行光合作用。紫芝菌丝体可以在完全黑暗的条件下正常生长。可见光中的蓝紫光对菌丝生长均有明显的抑制作用。260~265 纳米的紫外光能破坏菌丝中核糖核酸、脱氧核糖核酸和核蛋白，因此经这种紫外光照射 30 分钟，便可杀死菌丝。直射的太阳光对菌丝有害，光线越强对菌丝的危害也越大。570~920 纳米的红光对菌丝生长无害。菌丝分化时需要 400~500 纳米的蓝光诱导，在黑暗或光照强度 20~1000 勒的条件下，只长菌柄，不会形成菌盖；当光照强度达到 1500 勒以上时，菌蕾生长速度快，能形成正常的菌盖。菌柄具有趋光性，单方向的光能促使菌柄生长过长，且向光源强的方向生长。

（二）品种选择

福建省推广的紫芝品种以武芝 2 号和武芝 8 号为主。武芝 2 号为福建省武平县食用菌技术推广服务站从当地梁野山野生紫芝中分离驯化选育而来，于 2012 年通过福建省农作物品种审定委员会认定（闽认菌 2012002 号）。驯化品种武芝

8 号在武平县及周边县栽培多年，表现良好。

1. 武芝 2 号

该品种（图 6-2）子实体多单生，极少数连生；菌盖近圆形，直径 8~30 厘米，中心厚 1.25~2.35 厘米，单朵重 50~175 克，表面平整硬实，皮壳紫褐色至紫黑色，具同心环纹和放射状纵皱或皱褶，有似漆样光泽；菌肉锈褐色，质地坚硬，朵形美观；菌柄多数中生，少侧生，稍长，当年多分枝，第二年分枝少，长度为 5~15.9 厘米，菌柄直径 1.5~2.1 厘米；全生育期 155~210 天，其中菌丝培养期 120~140 天，菌柄生长期 20~25 天，菌盖分化生长期 40~50 天，其中孢子粉弹射期 20~25 天。孢子粉中等。鲜芝折干率 42.3%~45.82%。当年产量幅度 23.54~29.94 千克 / 米³，平均产量 25.05 千克 / 米³。

图 6-2　武芝 2 号

2. 武芝 8 号

该品种（图 6-3）子实体多单生，菌盖近圆形，直径 6~26 厘米，中心厚 1.2~2.1 厘米，单朵重 45~125 克，皮壳紫褐色至紫黑色，菌盖略薄，中央略下凹，具同心环纹，放射状纵皱明显，有似漆样光泽；菌肉锈褐色，柄多数中生，柄长 5~13.65 厘米，菌柄直径 1.2~1.5 厘米；适温下全生育期 165~220 天，适温下菌丝培养期 120~140 天，菌柄生长期 20~25 天，菌盖分化生长期 45~55 天，其中孢子粉弹射期 20~25 天。孢子粉中等。鲜芝折干率 41.16%~43.76%。当年产量幅度在 19.45~30.18 千克 / 米³，平均产量 22.95 千克 / 米³。

图 6-3　武芝 8 号

（三）栽培工艺

季节选择—原材料准备（枝桠材、边材，截段）—装袋—扎口—灭菌—接种—菌丝培养—埋地覆土—出芝管理—紫芝采收—烘烤（或晒干）—贮藏—销售。

（四）栽培季节

紫芝属于高温型品种，通常在上年秋冬季节安排生产菌袋，一般每年10月至次年2月制作栽培菌袋，海拔600~700米地区可安排在9月中下旬，尽量在5月前完成覆土栽培。这样安排的好处是第一批紫芝赶在7月上旬采收完成，采收7~10天后第二批紫芝即可现原基，8月下旬至9月采收第二批。

（五）菌袋制作

1. 备料

多数阔叶树种都可用于栽培紫芝，主要有壳斗科的水青冈属、青冈属、锥属、栗属、栲属、柞属；金缕梅科的阿丁枫属、枫香属；杜英科的杜英属，如苦槠、锥栗、枫香等树种。试验表明，不同阔叶树树种栽培紫芝3年总产量没有显著差异，但材质较疏松的树种前2年产量高于材质较硬的树种。桉树、松杉可以用于栽培紫芝，但松杉出芝不稳定。

开展米槠、枫树和水青冈3个树种的菌材栽培紫芝试验，从表6-1可见，不同菌材3年紫芝总产量没有显著差异，但材质较硬的水青冈边材栽培紫芝前2年产量占总产量的79.9%，低于材质较疏松的米槠和枫树，枫树栽培紫芝前2年产量占总产量的91.7%。

表6-1　不同树种边材栽培紫芝产量比较

树种	菌材量/千克	总产量/千克	3年栽培产量/千克			前两年产量比例/%	生物学效率/%
			第1年	第2年	第3年		
米槠	550	17.78	7.50	8.04	2.24	87.4	3.23
枫树	550	18.56	8.84	8.18	1.54	91.7	3.37
水青冈	550	19.14	7.43	7.86	3.85	79.9	3.48

开展桉树栽培紫芝试验，桉树栽培第一年产量（二潮）达 25.42 千克 / 米³，比对照米槠（CK）产量 24.76 千克 / 米³ 提高 2.67%，这可能桉树材质疏松、菌丝生长速度快有关，可见桉树栽培紫芝是可行的。桉树属于速生丰产树种，这为紫芝栽培提供新树种。

开展松杉木菌材栽培紫芝试验，松木（图 6-4）、杉木（图 6-5）经处理后也可用于紫芝栽培，其栽培配方：松树或杉树菌材 + 阔叶树杂木屑培养基，但出芝不大稳定，其栽培技术有待进一步研究。

图 6-4　松木

图 6-5　杉木

从紫芝栽培基质成分来分，分为纯段木的栽培基质和段木 + 阔叶树木屑栽培基质两种类型。

（1）纯段木栽培基质

段木可选择枝桠材与边材两种材料，枝桠材（图 6-6）应选择树皮较厚、不易脱离、材质较硬、心材少、木射线发达、导管丰富、树胸径以 5~13 厘米为宜的适宜树种，落叶初期砍伐，以小寒前砍伐最好。砍伐后，抽水 10~12 天，随之截段，段木长度 28~30 厘米，含水量 35%~42%。边材（图 6-7）应选择板宽 6~18 厘米的硬质阔叶树种，如栎、槠、枫树等林木加工边料，材质新鲜且多带树皮，如板材含水量太低，要多次喷水后再使用。

（2）段木 + 阔叶树木屑栽培基质

段木按上述选材要求备料。阔叶树木屑（图 6-8）培养基配方为阔叶树木屑

78%、麦麸15%、玉米粉5%、石膏粉1%、蔗糖1%。要求阔叶树木屑粗细2~3毫米，麦麸、玉米粉等辅料要求新鲜、无变质、无霉变、无螨虫。

图6-6　枝桠材

图6-7　边材

图6-8　阔叶树木屑

2. 装袋

（1）纯段木栽培基质装袋

将截好的段木直接装入聚乙烯菌袋，装料5千克(湿重)菌袋规格为宽38厘米、长74厘米、厚0.008厘米，装料10千克(湿重)菌袋规格为宽42厘米、长84厘米、厚0.008厘米。装袋时要小心操作，有枝丫棱角的段木要先削平或打磨平整，不能刺破菌袋，大小枝桠材互相搭配，尽量装得紧实一些。菌袋装好后扎紧袋口，小心轻放（图6-9）。胸径大于13厘米的段木，要用斧子把段木从中间劈开再装袋，装袋时如发现段木含水量不足，可在袋中添加少量水分。大菌袋每袋湿重约10千克，可出芝4~5年，材质坚硬的可达6年以上，菌盖大，产量较高；小菌袋每袋湿重约5千克，一般出芝3年。

（2）段木+阔叶树木屑栽培基质装袋

先将少量培养料（按上述配方制备）装入袋中作打底层，然后放入段木，周围和上方填上培养料，以装紧为度，扎紧袋口（图6-10）。这种模式栽培子实体产量比纯段木高，朵形大，但质地比较疏松。

图6-9　纯段木装袋

图6-10　段木+阔叶树木屑装袋

3. 灭菌

（1）小规模生产灭菌方式

小规模生产采用简易灭菌灶（图6-11）进行灭菌。具体操作：选一地势平坦、排水良好、操作便利的地块，做一个灭菌池，在地面铺一层地砖或直径8厘米左右的木材（规格要求一致），再铺上木板，木板上铺黑隔膜。简易灭菌灶结构多为长方形，四周用围栏围住，栏高约50厘米。外配置1个0.5吨的生物质燃料锅炉，蒸气管道伸入木板

图6-11　简易灭菌灶

上铺的黑隔膜面上。灭菌时菌袋整齐排放，层高7~8层，每灶以1000~1500袋为

宜，外用篷布扎紧，篷布与地面之间用沙袋压紧。猛火升温，在6~8小时内达到100℃，小菌袋100℃维持20~24小时，大菌袋维持30~36小时。灭菌时间长短与灭菌数量有关，数量多灭菌时间适当延长。

（2）专业化规模生产灭菌方式

专业化规模生产采用灭菌仓（图6-12）进行灭菌。具体操作：灭菌仓设计前后门，菌袋进出分开，正面进背面出，建造材料可用砖砌，也可用5厘米厚的保温板。采用周转架（图6-13）排放料袋（周转架具有省工高效特点），料袋堆放要留有空隙。灭菌时要猛火升温，灭菌灶升温要快，冷空气要排干净；在4~5小时内达到100℃，维持18~24小时。灭菌数量多时，灭菌时间适当延长。灭菌结束后自然冷却，一般在温度降至40~45℃时出锅，将菌袋移至冷却室，温度降至30℃后接种。

图6-12　灭菌仓

图6-13　周转架

4. 接种

（1）小规模生产接种

在培养场所小拱棚内就地接种，要求对拱棚进行3次空间消毒。第1次在料袋出灶前进行空棚消毒，用气雾灭菌剂（如每1米³保菇王4克）进行熏蒸消毒，消毒时间12小时以上。第2次消毒在料袋冷却至30℃以下时，将料袋、菌种、接种工具搬入棚内，用气雾灭菌剂进行熏蒸消毒，料袋按"———"或"——"字形叠放，高度5~6袋，第二天入棚接种。

料袋温度降至30℃以下后开始接种，接种前接种人员用75%酒精擦手消毒。根据菌种和栽培基质的类型选择接种方式，纯段木栽培基质采用麦粒种单头接种，接种后抖动菌袋让部分菌种掉入菌袋另一端；段木＋阔叶树木屑栽培基质采用木屑菌种两头接种。接种时应将菌种紧贴段木切面，便于发菌。接种量为每袋菌种接 6~8 袋栽培袋（大袋接 6 袋，小袋接 8 袋）。选用菌丝生长健壮、无污染、菌龄适宜的菌种，栽培种袋外表用 0.1%~0.2% 的新洁尔灭溶液、2%~3% 的来苏尔溶液或 0.1% 的高锰酸钾溶液消毒，然后剥离菌袋，切除菌种袋口 1 厘米左右的老菌种块，将菌种放置在专用的消毒过的菌种盆内。整个接种过程动作要快速，一人解扎袋口、一人放菌种、一人搬运，密切配合，形成流水作业，接种后仍用绳子将袋口扎好（或用套环 + 报纸扎好）。接种结束后及时把场地清理干净，将菌袋盖上黑膜，再进行一次空间消毒。

随着产业分工的推进，食用菌主产区大都出现食用菌专业接种服务队，小规模生产也兴起外聘专业接种服务队，其接种技术娴熟，接种成活力高，污染率低。

（2）专业化规模生产接种

采用净化车间接种（图6-14）。净化车间安装有高效空气净化设备，设有缓冲间，入口过道安装风淋，对外界进来的空气进行净化处理，确保空间洁净度达到万级要求。接种操作区域采用百级层流罩进行空气处理，空气洁净度达到百级要求。接种前可采用臭氧机组对空间进行消毒，确保整个净化车间的洁净度达标。

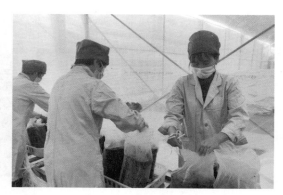

图 6-14　净化车间接种

有条件的室内安装空调 1 台，所进空气需进行净化处理，室内始终保持正压状态，接种时温度保持 25℃恒温，接种方法与上述相同。

5. 培养

（1）培养场所

消毒培养棚（室）在放入菌袋之前应进行消毒处理，先将整个场地撒上生石灰，每 667 米² 用生石灰 75~100 千克，再用福尔马林 + 高锰酸钾或保菇王或必洁士或克霉灵等气雾消毒剂进行熏蒸消毒，熏蒸前先用清水或石灰水将地面和墙壁喷湿，以提高消毒效果。消毒完成后开门通风 3~4 小时。

（2）培养前期（接种后 40~60 天）

将已接种的菌袋置于培养棚（室）中进行培养，堆宽控制在 1 米以内，堆与堆之间要留50厘米以上通道，便于操作和通风。采用培养棚培养的，棚顶部宜用黑膜覆盖（图6-15）；采用培养室培养的，在菌袋上面直接覆盖黑膜（图6-16）。接种后培养棚（室）内温度低于10℃，菌丝萌发慢，此时应采取加温方法，提高棚（室）内温度至15℃以上，促进菌丝早萌发生长。接种后菌丝培养20天左右检查菌丝生长情况，但不宜翻动菌袋；培养30天后再抽检菌丝生长情况，发现污染菌袋及时清理，以免造成交叉感染。在适宜温度下培养30~40天，菌丝生长越来越旺盛，基本上已长至菌袋侧面。如果培养温度过低，需要60天左右才能长至菌袋侧面。

图6-15　培养棚培养

图6-16　培养室培养

（3）培养中期（接种后40~90天）

在适宜温度下菌丝培养40天后菌袋横切面（接种面）菌丝长满并长至菌袋侧面3厘米以上，此时，菌丝生长速度快，需氧气量增加，可放松袋口结绳（套套环的不用放松结绳），增加菌袋内氧气，以满足菌丝生长对氧气的需求，促进菌丝体向木质部深层生长。随着菌丝的生长，要适当通风，视天气情况选择通风窗口期，温度低午间通风1~2小时，温度高傍晚通风1~2小时。棚（室）

图6-17　翻堆

内温度低于15℃时，不通风，适宜温度下培养60~70天（温度低时需要80~90天），且菌袋两端多数菌丝相连时，要加强通风和管理，并进行第1次翻堆（图6-17），预防"烧菌"。翻堆时应将菌袋上下位置互换，菌丝生长比较均匀，翻堆后棚内再用气雾消毒剂进行空间熏蒸消毒1次。如果棚（室）内温度高于30℃时，不翻堆。

（4）培养后期（接种后90天至下地）

自然温度下经过90~110天培养，菌丝长满菌袋表面，此时掀开覆盖在菌袋上的黑膜；采用培养棚培养的，应将两边基部黑膜卷起80~100厘米，适当增加散射光，进行第2次翻堆，继续培养，隔20天左右再进行第3次翻堆。通过3次翻堆，菌丝长势均匀一致，纯段木接种的表面菌丝慢慢转为黄色（图6-18），添加杂木屑接种的菌丝有的转为深褐色，形成菌皮。

图6-18 转色

此时正值3~4月间，气温时高时低，波动较大，这个阶段要常观察菌丝生长情况，遇到高温天气要加强通风和管理，将菌袋疏散堆放，预防"烧菌"；发现污染比较严重的菌袋，也不要惊慌，不要搬动（因为搬动后杂菌生长更快），留着最后处理。由于温差的原因，有的袋口或袋内凹处会积黄水，可用消毒后、约1毫米尖锐工具刺孔放水，长期积水会造成菌丝感染杂菌。表面菌丝全部转黄色时为生理成熟，有的袋口已长出原基，这是判断菌丝成熟最直接的方法。

生理成熟的优质菌袋具备"纯""正""壮""润""香"特征，"纯"即菌丝纯度高，无杂菌感染，无斑块，无抑制线，无"退菌""断菌"现象等。"正"即菌丝长满菌袋，外观无异常，生长均匀整齐，具有弹性。"壮"即菌丝发育粗壮、生长旺盛，分枝多而密。"润"即含水量适中，菌丝无干缩、松散、积液等现象。"香"即具有紫芝特有的香味，无霉变和酸败气味。

紫芝菌丝体在段木培养基中生长是个十分缓慢的过程，前述所说的"菌丝长满"仅仅是菌丝体"入木三分"，布满菌材表层，而非实际长满整个菌材，在温度、湿度适宜子实体生长的条件下，栽培覆土后表层菌丝体扭结形成子实体，但基内菌丝继续往菌材深处生长，3~5年后，甚至更长的时间，整个菌材才会布满菌丝，菌材被分解后，整个菌袋表面上看起来依然完整，其实已被紫芝菌丝完全分解，重量非常轻，"触手可撕"。这就是段木栽培紫芝出芝时间可达 3~5 年，甚至更长时间的缘故。

（六）出芝管理

当紫芝菌丝生理达到成熟时，便可移至芝场进行出芝管理。芝场分林下栽培和田间大棚栽培两种模式。

1. 林下栽培

（1）场地选择

选择交通便利，运输方便，地势较平缓，靠近水源，林木生长旺盛，郁密度和散射光适宜，禽、畜、兽、鼠、蚁、虫危害少，朝东南、坐西北的阔叶混交林、杉木林、松木林和竹林的林地均可栽培紫芝，但芝场不宜高于山腰，海拔 600 米以下区域选择 6 阴 4 阳，600 米以上的区域 5 阴 5 阳，土质以砂壤土为好。

图 6-19　竹林下栽培紫芝

在阔叶混交林、松木林、竹林（图 6-19）和杉木林（图 6-20）等不同林分下栽培紫芝试验。从表 6-2 可见，不同林分间产量、菌盖直径、菌柄长度有所差异，产量从高到低依次排序为竹林、阔叶混交林、杉木林、松木林，但没有达到显著差异水平。

图 6-20　杉木林下栽培紫芝

表 6-2　不同林分紫芝子实体产量、性状比较

栽培地点	每袋平均产量／克		含水量／%	单朵鲜重／克	菌盖／毫米		菌柄／毫米	
	鲜重	干重			直径	厚度	直径	长度
阔叶混交林	240.65	127.02	52.78	240.65aA	187.6aA	19.10	20.20	119.30aA
松木林	212.69	109.24	51.36	212.69aAB	164.30aA	22.60	24.10	125.20aA
杉木林	239.65	132.45	55.27	239.65aA	177.40aA	23.00	19.90	117.6aA
竹林	245.80	136.15	55.39	245.80aA	174.00aA	20.25	21.30	138.25aA

（2）下地时间

3月气温稳定在16℃以上，至5月底完成菌袋下地，当年可采2潮紫芝；太迟下地，当年只能采1潮紫芝。

（3）"炼筒"

将菌丝转色较好的菌袋运至山场，装车时要小心轻放。在山上比较平坦的地方搭建一个阴凉避雨的简易遮阳棚堆放菌袋，不能让菌袋日晒雨淋。菌袋经过运输搬动后，菌丝受到振动，有的菌丝会断裂，要将菌袋放置7~10天时间进行炼筒（图6-21），让菌丝恢复生长适应山地气候。炼筒时认真观察菌丝长势，选择无污染的菌袋，将两端袋口解开，增加氧气供给，通过散射光照刺激，促进菌丝继续转色老熟，提高抗性。有杂菌污染的菌袋不能开袋口炼筒，需要另外堆放；如果开口炼筒，袋内杂菌会迅速繁殖扩散，1~2天内就可长满菌袋，增加污染栽培环境的风险。

图 6-21　炼筒

生理成熟的菌袋菌材间菌丝粘连紧密，脱袋后木材不易分开。菌丝未成熟的菌袋，由于菌丝量不够，木材与木材间未缠绕在一起，脱袋后木材容易散开，即

便覆土后也容易污染。所以应选择菌丝生理成熟才能下地栽培。

但在实际生产操作过程中，操作工水平参差不齐，难以保证菌袋的成熟度均一性。因此在开袋后，可选择在食用菌上登记的杀菌剂按使用浓度要求，对袋口两端菌丝喷洒杀菌剂2~3次，隔3天喷1次，减少杂菌感染。

栽培时，先优质菌袋，后有少许污染菌袋。污染菌袋栽培时不能脱袋，只在未污染处开个口子作为出芝面，有少许污染的菌袋不影响出芝，一般还可以出芝1~2年。

（4）挖穴

林下栽培尽量保留原生态植被，以保证紫芝生长吸取天地之精华、山水之灵气，保留原生态成分。栽培前清除地块干枯小杂木，撒上生石灰。挖穴有竖穴和横穴两种模式。竖穴挖"1"字形，深度略大于菌材长度；横穴挖"一"字形，深度略大于菌材直径。行距、穴距至少50~60厘米，挖完穴需往穴中放入少量石灰或茶枯粉。

（5）下地

将菌袋放入已挖好穴中。竖穴为竖埋（图6-22），具体操作：先剥去菌袋两端1/3的塑料袋（也可全部剥去），然后清除袋内生长的原基，菌材倾斜放置，角度约与地平面成45°，菌材不能高于地表面，否则下雨时土层被雨水冲刷后，菌材会裸露地面。横穴为横埋（图6-23），具体操作：先将菌袋两端的塑料袋各剪去1/3，中间留1/3，菌材平放，不能高于地表面。

图6-22　菌材竖埋

图6-23　菌材横埋

（6）覆土

埋好菌材需要覆土。不覆土，紫芝子实体朵形小，产量低，经济效益不高。覆土的土壤含水量以手握成团、落地即散为宜，覆土厚4~5厘米，再扒开一小口至能看到少量菌材，覆土后用锄头或单脚将土轻压实，土面用茅草（不能用松针或芒萁）、落叶等遮阴物覆盖以利于保湿，还可防止雨水将泥沙溅起粘连在紫芝腹面。

（7）建小拱棚

林下栽培时覆土后仅采用茅草、落叶等遮阴物覆盖，第一年紫芝菌柄短，多数只有2~4厘米，第二批紫芝基本上不长菌柄。另外，每年6~8月雨水较多，经常会将土壤中的泥沙溅起，导致子实体腹面粘滞许多泥沙，失去商品价值。

试验表明，从表6-3可见，"控氧保洁"小拱棚与常规栽培相比，产量（鲜重）提高增长近1倍，菌盖洁净度好，产品优质率80.6%，比对照提高6.5%,紫芝品质显著提高。

表6-3　紫芝"控氧保洁"小拱棚现场测产表

栽培方式	每袋平均产量/克		含水量/%	单朵鲜重/克	洁净度	菌盖/厘米		菌柄/厘米	
	鲜重	干重				直径	厚度	直径	长度
常规林下栽培（CK）	117.69 bB	61.12	51.93	117.69	基本干净	12.34	1.90	1.71	8.39bB
"控氧保洁"林下栽培	234.70 aA	130.00	55.39	234.70	很干净	17.53	2.02	2.14	12.51aA

注：洁净度指紫芝盖面和腹面干净，没有泥、沙或霉变。

建小拱棚（图6-24）具体操作：在每穴菌材上用1米长的竹片或其他可弯曲的木条搭建一个直径约40厘米内顶高30厘米的"蒙古包"式的"控氧保洁"小拱棚，在弯曲竹片或木条上盖上白色塑料薄膜，小"蒙古包"要在菌材下地后20天内、出芝前建好，拱棚内二氧化碳浓度可达0.2%

图6-24　小拱棚

以上，能促进菌柄生长。紫芝属好气性真菌，等紫芝菌柄长至 8 厘米左右或符合商家标准要求时掀开薄膜一侧，增加氧气，降低二氧化碳浓度，促进菌盖分化。这种方法紫芝长势较好，质量等级高。长期不掀开薄膜通风，拱棚内二氧化碳浓度可达 0.4% 以上，高浓度二氧化碳条件下，紫芝只长菌柄，不分化菌盖或菌盖很小。

（8）出芝管理

林下紫芝栽培主要依靠自然气候环境，第一年从下地到紫芝采收需要 70~80 天，经历了原基形成、菌柄生长、菌盖分化和子实体成熟期阶段，不同阶段管理侧重点有所差异。

①原基形成前期：下地覆土到原基形成需经过 20~30 天，此阶段管理重点是防控芝场白蚂蚁等虫害。下地 7~10 天后需要对芝场进行巡查，发现白蚂蚁危害，宜选择晴天用蚂蚁药诱杀，或茶枯水或黑旋风喷撒，或用石灰粉驱赶。蚂蚁药要在离菌材 20 厘米外放置，石灰粉用量每亩 50~75 千克。

②原基与菌柄生长期：原基形成后到菌盖分化前需经过 15~25 天，此阶段管理重点是保湿和疏蕾。原基形成后要适时浇水，保持土壤湿润，增加小拱棚内空气相对湿度，有条件的栽培户可在林间安装喷淋设施。夏季林下气温高，林间空气相对湿度低，晴天或阴天空气相对湿度约为 75%，因此适时浇水很重要。安装喷淋设施的芝场，每天早晚各开一次喷淋，时长 30~40 分钟。但遇上连续多天阴雨天气，不利于原基和菌柄生长发育甚至造成死亡，待雨过天晴后要清除死亡的幼小原基，消除后再覆上细土，促进下批原基的形成，并及时排干菌穴积水。

当原基分化比较多时（图 6-25）要进行疏蕾（图 6-26）。疏蕾最佳时期为原基长至 3 厘米左右时，去小留大，去弱留强，每个竖放的菌材一般留 1 朵，最多 2 朵，横放的留 2 朵，不要让紫芝粘连在一起。选去的芝蕾可晒干粉碎后拌鱼骨粉作鸡饲料。长期喂养紫芝粉的鸡，肉质好，市场价格比普通鸡高 50% 以上，母鸡产蛋率高。

③菌盖生长期：菌盖形成至白色金边消失是紫芝生长发育的关键期（图 6-27），此阶段管理重点是保湿。菌盖分化初期（直径 1~4 厘米），空间相对湿度控制在 75%~90%，连续 10 天以上空间相对湿度大于 95%，不利于菌盖分化。菌盖生长后期要继续加强芝场的水分和湿度的管理，保持土壤湿润，空间相对湿度提高至 85% 以上，子实体生长发育快，菌盖厚实；如果芝场长期空气相对湿度

低于75%，子实体朵形小，产量低。同时还要预防白蚁及其他虫害和禽、畜、兽、鼠的危害。

图6-25　多原基分化

图6-26　疏蕾

图6-27　菌盖生长期

④子实体成熟期：从白色金边消失到孢子粉弹射结束为子实体成熟期。菌盖表面紫褐色至黑色（图6-28），或覆盖孢子粉，腹面颜色呈棕褐色。此阶段管理重点是保湿、防虫害。保持芝场土壤湿润，空间湿度提高至90%以上。加强巡查看护，做好白蚁及其他虫害和禽、畜、兽、鼠的预防工作。同时及时采收成熟的子实体，如不及时采收，菌盖会继续加厚，如温湿度适宜，有的又会长出白边继续生长，直至温湿度下降后停止生长，还会生虫腐烂。

图6-28　成熟期紫芝

2. 田间大棚栽培

（1）场地选择

场地条件与紫芝产量和质量有密切相关，选择不当会给管理带来许多困难。应选在向阳，地势较高，排水良好，灌水方便，通风换气好又易保湿，兽、鼠、蚁、虫危害少，运输方便，便于管理的地方。周边无"三废"污染源，远离医院、养殖场、居民密集区。

（2）大棚建造

大棚是紫芝生产栽培出芝的场所，可通过通气和添减覆盖物来调节棚内的温度、湿度和光照。在出芝期间恰遇高温季节，可以加厚棚顶的覆盖物或覆盖反光膜，棚四周增加遮拦物以减少太阳辐射热，减弱芝床地面和空间之间的热交换和水分交换，从而起到降温和保湿的作用。经测定，棚畦床的温度比棚外温度低3~8℃。

目前常用的紫芝大棚分为平顶遮阳棚和连拱钢架遮阳棚，在棚顶安装喷淋设备，当棚内温度遇到35℃以上高温时，开启喷淋设备，可降低棚内温度5℃以上，棚外温度越高降温效果越显著。以下介绍其结构。

①平顶遮阳棚：建棚前进行深耕翻晒。平顶棚高3.3~3.5米，长宽因地形而定（宽不大于12米为佳）。芝场四周开排水沟，立柱为40毫米以上热镀锌管（图6-29）或外径不少于90毫米×90毫米方型水泥柱，或100~120毫米杉（竹）木立柱（图6-30），支柱埋入地里0.5米以上并用水泥加固，相隔二畦立一行支柱，立于沟边。支柱行间距离3米，柱间距离3.8~4.0米。柱与柱之间用竹木固定牵连，连接要牢固。柱顶架横梁扎牢后铺

图6-29　钢管立柱平顶棚

图6-30　杉（竹）木立柱平顶棚

上双层遮阳网。棚的遮光度为60%左右，俗称四分阳六分阴，即把60%左右的阳光遮住，只让40%的阳光透射到棚内。棚四周可选用遮阳网围好，只让40%的阳光透射到棚内。南方雨水多，紫芝采用高畦覆土栽培。棚搭好后进行整畦，畦面要求平整，土块不宜过粗，畦床高于通道。畦宽一般为1.6~2.0米，沟宽0.4米，通道0.6米。畦上建塑料膜竹（钢）支架小拱棚，竹（钢）支架长4.8~5.8米，宽与畦床匹配，顶高1.80~2.0米。小拱棚间开深沟，有利于排灌。

②连拱钢架遮阳棚（图6-31）：采用40毫米以上热镀锌管立柱，设置抗风钢丝绳或抗风内支撑，四周手动或电动卷膜，棚顶覆盖双层针织遮阳网，水槽用热浸镀锌钢板或热浸锌板冷弯成型，壁厚不少于2.5毫米。整体规格为跨度≥6米、肩高3.2米、顶高≥4.0米、开间≤4米、拱间距≤1.3米。

图6-31　连拱钢管遮阳棚

（3）下地覆土

气温稳定在16℃以上时，先用生石灰对大棚内土壤进行消毒，生石灰用量每亩50~75千克，然后开沟整畦。选择晴天或阴天将已培养好菌袋移至大棚进行下地栽培，菌袋可以横埋，也可以竖埋，菌材间距约10厘米。塑料膜全脱，也可以中间留1/3。排放好菌材要进行覆土，覆土厚薄应视栽培场土壤性质和湿度酌情处理，一般以厚3~4厘米，菌材不裸露，以利保湿和紫芝生长，覆土后安排菌袋出芝处爬开点土，能看到菌袋即可，便于管理和收集孢子粉。5千克菌材每亩排放3000~3500筒，10千克菌材每亩排放2000~2500筒。排放量与地形有关，方整田块排放量多些，利用率比较高。

（4）出芝管理

下地后经过前期管理，进入原基形成、菌柄生长、菌盖分化和子实体成熟不同阶段，不同阶段管理重点有所不同。

①出芝前期管理：此阶段管理重点是保湿和调光，应保持芝床土壤湿润，空间相对湿度80%~90%；应将小拱棚上两边黑色塑料裙膜翻起1/2，增加光照强度，

适度的光照度有利于菌丝的恢复和子实体的形成。光线控制总的原则是前阴后阳，结合大棚类型合理调节光照强度。

②原基与菌柄生长期（图6-32）：此阶段管理重点是保湿和疏蕾。棚内温度维持24℃以上、空间湿度保持85%~90%时，菌丝成熟的菌材覆土20天左右即可出现紫芝原基露土，形成多个原基。菌丝成熟度不够的菌材，原基形成需要30~40天。当原基长至3厘米左右时应疏蕾，去弱留强，一般每个菌材留

图6-32　原基与菌柄生长期

1~2朵，如留2朵，朵与朵之间不要靠太近，不然菌盖生长会互相粘连在一起。操作时用75%酒精消毒过的美工刀片将相对弱小的原基切除，并在伤口处覆上泥土。如不疏蕾，子实体生长多、朵形小、菌盖薄。菌柄生长期间，减少通风量，控制二氧化碳浓度0.25%以上，促进菌柄生长。当菌柄长至6~8厘米时，增加通风次数和散射光，促进菌盖分化生长。

③菌盖生长发育期（图6-33）：此阶段管理重点是保湿、增光和控温。当菌盖直径长至1~4厘米时，空气相对湿度控制85%~95%。菌盖直径长至6厘米以上，空气相对湿度控制在90%~95%，同时，适当提高光照度，有利于紫芝菌盖的增厚和子实体干物质的积累，子实体生长发育快，菌盖厚实。如果空气相对湿度长时间低于

图6-33　菌盖生长发育期

75%，子实体朵形小，产量低，可在菌材间隙浇水，切忌直接浇在菌材上。如果空气相对湿度高于95%，应选择早晚通风，午间不通风，让畦床有对流，这样有利菌盖生长。当棚内温度高于30℃时，应开启棚顶喷淋设施，降低棚内温度。

④子实体成熟期（图6-34）：此阶段管理重点是控光控温保湿。菌盖边缘白边生长点消失后，菌盖表面色泽逐步一致，大量褐色孢子弹散，皮壳呈紫褐色至黑色，或覆盖孢子粉，腹面颜色呈棕褐色，菌盖不再增大转为增厚。此时要适当减少散射光强度，棚内温度尽量控制在30℃以内，保持空气相对湿度在80%~85%，子实体质地致密、中心厚实、质量好。棚外气温超过35℃时，棚顶通过喷淋降温，降低棚内温度，提高紫芝品质。

图6-34　子实体成熟期

（七）孢子粉收集

紫芝孢子粉是紫芝的种子，子实体成熟过程中从菌管中飞出，随气流四处飞扬，散落在菌盖表面、畦床和棚膜，若不用特殊装置，就很难收集到。菌盖表面自然散落的孢子粉，通常与许多灰尘沙土混杂在一起，质量很差，通过水洗、风选等方法也难于提高其纯度。

紫芝孢子粉的收集方法有多种，根据不同的栽培模式，采取科学的收集方法是关键。方法不当会影响紫芝子实体生长和孢子粉收集的产量。要确保收集的孢子粉干净，无沙土等杂质，纯度要高。

1. 林下紫芝孢子粉收集

林下紫芝孢子粉收集要采用塑料膜小拱棚模式（图6-35）。收集时先在地面铺上干净符合食品安全要求的塑料薄膜和油光卡纸并穿过菌柄，扎牢，将收集孢子粉专用袋套在子实体上，拉紧袋口绳子，7~10天收集1次孢子粉。此法简单高效。

图6-35　林下紫芝孢子粉收集

2. 大棚紫芝孢子粉收集

大棚紫芝孢子粉收集采用套袋方法（图6-36）。过早套袋，会影响子实体生长，菌柄过长，使得子实体长出袋外，易形成畸形子实体；过迟套袋，会影响孢子粉的收集。当子实体即将成熟时，菌盖边缘白色银边转为淡黄色10~15天、背面隐约可见棕褐色孢子粉时，就要抓紧时间准备套袋，具体操作

图6-36　大棚紫芝孢子粉收集

要点如下。

（1）套筒准备

套筒选用油光卡纸，裁切成（30~35）厘米 × （70~80）厘米的长方形纸板，用订书机连接两端，制成直径 22~25 厘米的圆筒备用。

（2）喷重水

套袋前先喷一次重水，把菌盖表面灰尘冲干净，通风 1~2 次，吹干菌盖表面水分。

（3）铺塑料薄膜

在整平的紫芝地面铺上塑料薄膜，每朵紫芝菌柄基部铺上油光卡纸并穿过菌柄，扎牢。

（4）套筒袋

每 1 朵紫芝套 1 个筒袋。从上往下套筒袋，动作要轻，避免碰伤子实体，上口再盖上准备好柔软纸板。

（5）管理

套袋后以保湿为主，并注意通风换气，保持空气相对湿度在 85%~90%，温度在 26~28℃。棚内温度高于 30℃时，孢子粉产量低、质量差、空瘪率高。

（6）孢子粉收集

视孢子粉弹射情况，掌握 7~10 天收粉 1 次。收粉时先将盖板和套筒袋上的粉刷下，再刷下菌盖上的孢子粉，然后小心提起地上接粉纸膜，把粉刷下，通过水洗、风选等方法提高其纯度，集中烘干包装。

（八）采收与干制

采收时抓住菌柄基部将子实体旋转拔下，菌材处形成一个"伤口"，在"伤口"处立即覆盖泥土，10 天左右形成第二批原基，逐步发育成第二批子实体。收第二潮紫芝后准备过冬时，则应将柄蒂全部摘除，排干畦水，降低湿度，密闭大棚养菌。第二年 3 月中下旬畦沟灌水，提高湿度，进入第二年出芝管理阶段，一般在 4 月初第二年紫芝开始生长。第三年、第四年紫芝管理同第二年。

采收后的紫芝，剪去带土或带培养基部分，按商品规格要求分别上筛晒干或烘干。在 40~65℃下烘烤至含水量达 12% 以下。烘烤时温度缓慢上升，以免烤熟，最好先晒后烘，达到菌盖碰撞有响声，再烘干至基本不再减重为止。烘干冷却后干品及时密封包装，置于阴凉干燥处存放。对要求剪柄的商品应剪去柄烘晒，柄盖分开包装，减少包装体积。

（九）病虫害防控

紫芝栽培过程常受到白蚂蚁、跳虫、夜娥等危害，特别是林下栽培，发现白蚂蚁危害，用蚂蚁药诱杀或茶枯水或黑旋风喷射或用石灰粉驱赶；发现林业生产上的害虫，要人工捕捉。

大棚栽培白蚂蚁危害比较少见，但也要经常检查有没有白蚂蚁、鼠及其他害虫危害，发现后要及时防治。如发现少量虫害，可用人工捕捉，虫害比较严重，可使用磷化铝进行熏蒸杀虫。具体操作如下：每立方米空间1~2克，密闭熏蒸24小时。由于磷化铝具有剧毒，使用时应十分注意，先将大棚的门窗密闭，门窗缝隙用双层报纸或透明胶糊好，封严，留一个门窗作为出口，操作人员一定要戴好防毒面具和手套，再从里往外投药，投药后迅速撤离大棚，并用双层报纸糊好门缝。24~36小时后开门通风2~4小时后才可进入。最好请专业人士操作，以确保安全。

紫芝栽培过程还受到青霉、木霉、根霉、曲霉、毛霉（俗称长毛霉）、链孢霉等杂菌感染。防控措施如下：一要严把菌种质量关，选择抗逆性强、菌丝生长健壮、无杂菌污染的紫芝菌种。二要严把好灭菌关，掌握好灭菌时间，确保菌袋灭菌温度达到100℃时连续保温24小时以上，并且要根据灭菌数量延长灭菌时间。三要严把好接种关，应严格按无菌操作要求接种。四要严把环境卫生关，保持培养及出芝场所环境卫生清洁，不留卫生死角。

（十）其他栽培模式探讨

1. 紫芝富硒栽培技术研究

2021年，福建省现代农业食用菌产业技术体系在龙岩市永定区开展紫芝富硒栽培的研究，选择4个不同地块（其中3块属富硒地块、1块属非富硒地块）栽培紫芝，试验点土壤硒含量详见表6-4；栽培用材分别来源于本地和广东，采用林下栽培。子实体采收后送样检测，从表6-5可知，土壤硒含量与富硒紫芝为非正相关关系，但土壤硒含量高栽培紫芝，其子实体富硒的可能性较大。

表 6-4　永定区紫芝栽培地点土壤硒含量检测结果

地点	农户	每千克土壤硒含量 / 毫克	备注
城郊镇双溪村上小坑	郑＊初	0.565	富硒
城郊镇双溪村邱家坪	邱＊光	0.346	非富硒
仙师镇兰岗村李屋组	李＊生	0.713	富硒
仙师镇新侨村黄坑尾组	范＊标	0.440	富硒

注：土壤每千克硒 Se 含量 0.4 毫克以上为丰富。

表 6-5　永定区紫芝硒含量检测结果

地点	农户	每千克紫芝硒（以 Se 计）含量 / 毫克				备注
		用材来源（本地）		用材来源（广东）		
		编号	硒检测结果	编号	硒检测结果	
城郊镇双溪村上小坑	郑＊初	YD007	0.18	YD008	0.13	非富硒
城郊镇双溪村邱家坪	邱＊光	YD001	0.14	YD002	0.18	非富硒
仙师镇兰岗村李屋组	李＊生	YD005	0.47	YD006	0.45	富硒
仙师镇新侨村黄坑尾组	范＊标	YD003	0.48	YD004	0.82	富硒

注：每千克紫芝硒 Se 含量 0.3~1.5 毫克为丰富。

紫芝富硒栽培还可通过添加外源硒（亚硒酸钠）提高紫芝硒含量。据广东省农业科学院何焕清等报道，在配制母种、原种、栽培种培养基时每千克添加 0.3 克硒浓度（以亚硒酸钠重量计），在栽培袋培养基中每千克添加 0.9 克硒浓度，紫芝子实体硒含量达到最高值；栽培袋培养基每千克添加低于 0.9 克硒浓度，紫芝子实体硒含量随硒浓度的增加而提高；栽培袋培养基每千克添加高于 0.9 克硒浓度，紫芝子实体硒含量随硒浓度的增加反而下降。

2. 观赏紫芝栽培技术研究

观赏紫芝（图6-37）因其像花一样盛开，具有较好的观赏价值而深受大家喜爱。采用窖式栽培（图6-38），将5~8个培养好的菌袋用橡皮筋捆绑在一起，底层5~6个，第2层1~2个，呈"手榴弹"型，捆好后放于"窖"中覆土，20天后原基开始生长且数量多，在菌盖分化时互相粘连在一起。经过精心的管理与修剪，生产出大小不一的紫芝花，紫芝花直径最小为22厘米，最大80厘米。根据直径大小、花形情况、客户需求等，总结得出5~8个菌袋所长的紫芝花商品性状最佳，8~10个菌材所长的紫芝花大小、形状、差别不大；4个菌袋以下紫芝花太小没有吸引力，商品性状差。

图6-37　观赏紫芝

图6-38　窖式栽培

3. 紫芝生料栽培研究

冬季11~12月，选用直径15~20厘米阔叶树菌材，提前10天采伐，此时含水量在35%~40%，截切成30~100厘米长为一段，用电动钻对段木打洞后接种（图6-39），然后整个菌材用黑色塑料薄膜缠绕包紧（图6-40），常温下培养2年，第3年4月份进行覆土出芝，出芝管理方法同熟料段木覆土栽培一样。生料栽培紫芝虽然省工省种、节能减碳，但出芝率较低，产量低且不稳，生产风险较大。栽培工艺和管理技术还有待于进一步研究。

图6-39　段木生料接种　　　　　　图6-40　段木生料接种后包扎

（撰稿：钟礼义　饶火火　黄志龙　刘新锐　李昕霖　傅俊生　肖淑霞
吴小平）

参考文献

［1］MARK DEN OUDEN. 蘑菇的信号［M］. zutphen: Roodbont Publishers, 2018: 16-40.

［2］王泽生，王波，卢政辉. 图说双孢蘑菇栽培关键技术［M］.北京：中国农业出版社，2010, 1-72.

［3］黄毅.食用菌栽培［M］.北京：高等教育出版社，2008: 130-131.

［4］肖淑霞.食用菌无公害栽培技术［M］.福州：福建科学技术出版社，2015.

［5］图解真姬菇优质高效栽培技术［M］.北京：中国农业科学技术出版社，2020.

［6］边银丙.食用菌栽培学［M］.北京：高等教育出版社，2017.

［7］黄毅.食用菌工厂化栽培实践［M］.福州：福建科学技术出版社，2014.

［8］黄毅.食用菌栽培［M］.北京：高等教育出版社，2008.

［9］朱坚.食用菌品种特性与栽培［M］.福州：福建科学技术出版社，2011.

［10］肖淑霞，黄志龙，谢宝贵，等.无公害珍稀食用菌栽培［M］.福州：福建科学技术出版社，2009.

［11］黄年来，林志彬，陈国良，等.中国食药用菌学［M］.上海：上海科学技术文献出版社，2010.

［12］林志彬.灵芝的现代研究［M］.北京：北京医科大学出版社：2001.

［13］邵力平，沈瑞祥，张素轩. 真菌分类学［M］. 北京：中国林业出版社，1983：226-228.

［14］黄年来，林志彬，陈国良，等. 中国食药用菌学［M］. 上海：上海科学技术文献出版社，2010：1624-1625：

［15］林志彬.灵芝的现代研究［M］.上海：上海科学技术出版社.2010.

［16］吴兴亮，戴玉成.中国灵芝图鉴［M］.北京：科学出版社，2005.

［17］陈国良.灵芝治百病［M］.上海：上海科学技术文献出版社.1998.

［18］赵继鼎．中国灵芝［M］．北京：科学出版社．1981.

［19］胡昭庚．灵芝生产全书［M］．北京：中国农业出版社．2004.

［20］陈体强，吴锦忠．福建原木灵芝研究［M］．厦门：厦门大学出版社．2005.

［21］蔡衍山，吕作舟，蔡耿新，等．食用菌无公害栽培技术手册［M］．北京：中国农业出版社．2009.

［22］王泽生，廖剑华，陈美元，等．双孢蘑菇遗传育种和产业发展［J］．食用菌学报，2012, 19(3): 1-14.

［23］卢政辉，廖剑华，蔡志英，等．杏鲍菇菌渣循环栽培双孢蘑菇的配方优化［J］．福建农业学报，2016, 31(7): 723-727.

［24］柯斌榕，蔡志英，卢政辉，等．杏鲍菇和金针菇菌渣堆肥的发酵特性及其栽培双孢蘑菇试验［J］．江苏农业科学，2018, 46(22): 153-155.

［25］柯斌榕，兰清秀，卢政辉，等．福建省双孢蘑菇栽培技术的变革与发展［J］．食药用菌，2017(1): 12-19.

［26］陶明煊，王玮，王晓炜，等．真姬菇营养成分生物活性物质分析及其多糖清除自由基活性研究［J］．食品科学，2007, (08): 404-407.

［27］王中华，孔浩，蔡孝华，等．真姬菇与杏鲍菇、金针菇游离氨基酸含量比较［J］．食品科技，2014, (6): 85-88.

［28］郭艳艳．斑玉蕈新品种遗传稳定性及生理特性的研究［D］．福州：福建农林大学，2014.

［29］上官舟建．真姬菇生物学特性及栽培技术研究［J］．食用菌，2004, 26(1): 16-18.

［30］郑少玲．海鲜菇液体菌种生产与质量控制［J］．食药用菌，2020, 28(2):3.

［31］福建省质量技术监督局．秀珍菇设施栽培技术规范：DB35/T 1705-2017［S］．福州：福建省标准信息服务平台．2017.

［32］赖腾强，谢娜，吴伯文，等．利用棕榈丝代料栽培优质玉木耳技术［J］．安徽农学通报，2021, 27(07):30-31. DOI:10.16377/ j. cnki. issn1007-7731.2021.07.010.

［33］丁湖广．银耳栽培［J］．生物学通报，1995, 12：37-38.

［34］DB/T 29369—2012,银耳生产技术规范［S］．

［35］丁湖广．银耳生物学特性及栽培技术（七）——银耳生产主要病虫害防控及栽培失败原因分析［J］.食药用菌，2013.(5): 277-281.

［36］GB/T 34671—2017,银耳干制技术规范［S］.

［37］罗信昌．中国银耳研究之历史回顾［J］.菌物学报，2013, 32（增刊）：14-19.

［38］张天柱，赵婉君，吴国梁，等．灵芝孢子粉抗抑郁作用机制研究［J］.时珍国医国药，2015，26(1)：16-18.

［39］李静静，胡晓琴，张新凤，等．赤芝孢子粉和子实体主要化学成分变异规律研究［J］.中国中药杂志，2014，39（21）：4246-4251.